지은이 구채칠

기업을 지키는
안전보건관리체계

구 채 칠

부산대학교 기계공학과를 졸업하고,
부경대학교에서 소방공학 박사 학위를 받았다.

한국중공업에서 발전설비 설계 업무를 시작으로, 안전보건공단에서 28년간 근무하며 안전인증 심사, 위험성평가, 중대재해 원인조사, 공정안전보고서(PSM)심사, 유해위험방지계획서 심사 등 다양한 분야에서 현장을 지켜왔으며, 현재 안전보건부장으로 재직중이다.

특히 "안전은 규제가 아니라 생명을 지키는 약속"이라는 신념으로, 단순한 제도 운영을 넘어 기업이 스스로 안전문화를 정착시키도록 돕는 일에 힘써왔다.

또한 안전보건경영시스템 심사원, 국제표준 ISO 45001 심사원으로 활동하며 국내외 안전문화 확산에도 기여했고, 현재는 고용노동부 작업중지 해제 심의위원, 소방청 화재영향평가 심의위원으로 참여해 국가적 안전정책에도 힘을 보태고 있다.

건설기계기술사, 기계안전기술사 자격을 보유하고 있으며, 기술사 시험의 출제 및 면접위원으로 활동하며 후배 전문가 양성에도 앞장서고 있다.

책상 위 이론보다 현장의 땀과 목소리를 더 소중히 여겨온 저자는, 이번 책을 통해 중대재해처벌법 시대, 안전보건관리체계가 왜 필요한지, 어떻게 정착해야 하는지를 현장의 언어로 풀어내고자 했다.

목 차

“사고가 난 뒤에야 대책이 세워지는 사회”

1994년 성수대교 붕괴, 1995년 삼풍백화점 붕괴,
2016년 구의역 김 군 사고, 2020년 이천 물류창고 화재.
우리는 수많은 참사를 겪으며 뼈아픈 교훈을 얻었습니다.
그러나 공통된 현실은 늘 같았습니다.
사고가 난 뒤에야 제도가 바뀌고,
희생이 있은 후에야 안전이 논의된다는 것.

> **“사람은 소중하다. 안전은 지켜낼 수 있다.”**

– 이 책이 끝까지 붙잡고자 하는 가장 단순하고 강력한 진리

“안전은 비용이 아니라, 생명을 지키는 약속이다”

한국 사회에서 산업안전보건은
오랫동안 규제와 비용의 문제로만 다뤄졌습니다.
하지만 이제 우리는 알고 있습니다.
안전은 비용이 아니라, 기업과 사회를 지키는 투자라는 사실을.

> **“안전은 비용이 아니라 투자이며, 결국 기업의 경쟁력이다.”**

"현장은 살아있는 유기체"

기계와 설비는 근육처럼 움직이고, 전기와 배관은 혈관처럼 흐르며,
근로자들은 두뇌와 신경처럼 연결되어 있습니다.
이 몸이 건강을 유지하려면 끊임없는 순환이 필요합니다.
PDCA 사이클은 바로 그 순환의 이름입니다.

독자에게 드리는 말씀

이 책은 법률 해설서도, 기술 매뉴얼도 아닙니다.
대신 사람의 이야기, 현장의 목소리,
실제 사례를 담아 누구나 이해할 수 있도록 썼습니다.

"안전보건관리체계는 문서가 아니라, 문화다."

안전은 경영자의 결심에서 시작해,
근로자의 참여를 통해 뿌리내립니다.
사고 후에 대책을 세우는 사회에서,
사고를 미리 막는 사회로 나아가는 길.
그 여정에 이 책이 작은 이정표가 되기를 바랍니다.

제 1 편

왜 안전보건관리체계 구축이 필요한가?

제 1 장 산업재해의 그늘과 사회적 파장

1 예견된 참사, 성수대교 붕괴

1994년 10월 21일 아침, 서울 한강 위를 달리던 버스는 평소처럼 성수대교를 건너고 있었습니다. 하지만 그 순간 다리가 무너져 내렸습니다. 출근길 학생과 직장인 32명이 목숨을 잃었습니다.

언론은 이를 "예견된 참사"라 불렀습니다. 이미 수차례 균열과 이상 징후가 보고되었지만, 근본적 대책은 미뤄졌던 것입니다. 다리가 무너진 날, 시민들은 "우리가 믿은 것은 강철이 아니라 종잇장이었다"고 분노했습니다.

2 대한민국을 충격에 빠뜨린 삼풍백화점 붕괴

그로부터 1년도 채 지나지 않은 1995년 6월 29일, 강남 한복판의 삼풍백화점이 붕괴했습니다. 쇼핑하던 시민과 직원들이 미처 빠져나오지 못한 채 건물 잔해에 갇혔습니다.

502명이 사망하고 937명이 부상을 입은 대재난이었습니다.
유가족 한 사람은 울먹이며 이렇게 말했습니다.

"무너진 건물이 아니라, 우리의 믿음이 무너졌습니다.
안전을 믿고 들어간 곳에서 아이를 잃었습니다."

이 사건은 한국 사회가 "안전관리 부실이 곧 대형참사로 이어진다"는 사실을 뼈아프게 깨닫게 만든 계기였습니다.

③ 구의역 김 군 – 청춘의 희생

20여 년 뒤, 2016년 서울 구의역. 스크린도어를 고치던 19살 청년 김 군은 혼자 작업하다 열차에 치여 세상을 떠났습니다. 원래 규정은 "2인 1조 작업"이었지만, 하청업체의 인력 부족과 비용 절감 때문에 그는 늘 홀로 위험 속에 있었습니다.

그의 가방 속에는 아직 먹지 못한 컵라면이 들어 있었습니다.

언론은 그를 "구의역 김 군"이라 불렀고, 시민들은 지하철역 곳곳에 국화를 놓으며 애도했습니다.

"밥 한 끼도 못 먹고 세상을 떠난 청춘을 지켜주지 못했다."

이 사고는 외주화와 하청 구조 속에서 안전이 얼마나 가볍게 취급되고 있는지를 드러낸 상징적 사건이었습니다.

④ 이천 물류창고 화재 — 반복되는 비극

"다시는"이라는 말은 또 다시 반복되었습니다.

2020년 4월, 경기도 이천 물류창고 공사 현장에서 불이 났습니다. 불법 용접에서 시작된 불길은 순식간에 번졌고, 안전설비는 미흡했습니다.

38명의 노동자가 목숨을 잃었습니다.
희생자 한 노동자의 아내는 울며 말했습니다.

> "아침에 출근한 남편이 저녁에는 돌아오지 않았습니다.
> 이게 지금 대한민국에서 있을 수 있는 일입니까?"

⑤ 사고가 나야 대책이 바뀌는 사회

이 네 사건의 공통점은 분명합니다.

- **사고가 난 뒤**에야 제도가 바뀌었다는 것.
- 성수대교 이후 교량 점검 기준 강화,
- 삼풍백화점 이후 건축물 안전관리 강화,
- 구의역 사고 이후에야 2인 1조 원칙이 사회적 이슈가 되었고,
- 이천 화재 이후 화재안전 규제가 대폭 강화되었습니다.

한국 사회의 안전은 늘 "사후 처방"에 머물러 있었습니다.

⑥ 중대재해처벌법 제정의 배경

반복되는 대형 참사와 끊임없는 노동자 죽음 속에서,
사회는 결국 근본적 변화를 요구했습니다.

"사고가 나도 처벌받는 사람은 없다."
"안전은 비용일 뿐이다."

이 분노가 모여, 2022년 「중대재해처벌법」이 제정되었습니다.

처음으로 기업의 **경영책임자**에게 안전보건관리 의무를 부과했고,
이를 이행하지 않으면 **형사처벌**까지 받을 수 있도록 한 것입니다.

한 시민단체 활동가는 국회 앞에서 이렇게 외쳤습니다.

"더 이상 노동자의 죽음을 사회적 비용으로 치부하지 마십시오.
책임 있는 자리가 있는 한, 책임지는 법도 있어야 합니다."

⑦ 메시지

우리는 성수대교, 삼풍백화점, 구의역, 이천 화재를 통해 뼈아픈 교훈을 얻었습니다.

“사고가 난 뒤에야 바뀌는 사회”는 더 이상 용납될 수 없습니다.

안전보건관리체계는 단순한 제도가 아니라,
희생을 막기 위한 최소한의 사회적 안전망입니다.

그것은 누군가의 목숨이 스러진 뒤에 후회하며 세우는 장치가 아니라,
사고가 일어나기 전에 생명을 지키는 사회적 약속이어야 합니다.

제 2 장 법의 요구와 기업의 현실

1 "CEO가 법정에 서는 시대"

2022년 초, **중대재해처벌법**이 시행되자 기업 현장은 술렁였습니다.

"안전사고가 나면 이제는 단순히
안전관리자가 아니라 CEO가 법정에 선다."

언론의 헤드라인은 경영자들에게 충격을 주었습니다.
실제로 어느 중견 건설사의 대표는 이렇게 털어놓았습니다.

"예전에는 사고가 나도 실무자가 책임지는 경우가 많았지요.
그런데 이제는 제가 직접 법정에 설 수 있다고 하니,
책임의 무게가 완전히 다르게 느껴집니다."

이 말은 단순한 두려움이 아닙니다. 안전을 바라보는 경영자의 시각이 "부서의 일"에서 "나의 일"로 바뀌는 순간이기도 했습니다.

② 법의 요구 – 경영책임자의 의무

중대재해처벌법은

단순히 "사고 나지 않게 하라"는 추상적 요구가 아닙니다.

경영책임자에게 다음과 같은 **구체적 의무**를 부과합니다.

- **안전보건관리체계 구축·이행:**
  조직을 만들고, 예산과 인력을 확보해야 합니다.
- **위험요인 파악·개선:**
  위험성평가를 하고, 결과를 실제 개선으로 연결해야 합니다.
- **도급·용역 관리:**
  원청뿐 아니라 하청 노동자의 안전까지 책임져야 합니다.
- **비상 대응:**
  중대재해 발생 시 대응 체계를 갖추고 정기적으로 훈련해야 합니다.

법이 강조하는 핵심은 단순합니다.

"경영자가 직접 나서서 안전을 챙기라."

③ 기업 현장의 반응

법 시행 초기, 많은 기업은 불안했습니다.

- 어떤 회사는 수십억 원을 들여 컨설팅을 받으며 서류를 정리했습니다.
- 또 어떤 회사는 "혹시 모를 사고를 대비해" 수백 페이지짜리 매뉴얼을 만들어 두었습니다.

하지만 시간이 지나면서 깨달음이 찾아왔습니다.

"법을 피하기 위해 만든 종이 서류는 우리 회사를 지켜주지 않는다."

한 제조업체 CEO는 인터뷰에서 이렇게 말했습니다.

"사실 처음엔 벌금이 무서워 시작했어요.
그런데 현장을 돌아보니, 안전이 제대로 지켜져야 생산도 끊기지 않고,
직원들이 안심해야 회사도 오래 가더군요.
이제는 이게 우리 회사를 위한 체계라는 걸 알게 됐습니다."

대기업과 중소기업 모두 각자의 어려움은 다르지만,
공통적으로 느끼는 건 하나였습니다.

"이제 안전은 선택이 아니라, 회사의 생존 조건"이라는 사실입니다.

④ 메시지 - 법을 피하기 위한 체계가 아니라, 회사를 지키는 체계

안전보건관리체계는

결코 단순한 법적 의무 이행을 위한 장치가 아닙니다.

- 법의 요구는 책임을 전가하기 위한 것이 아니라,
- 기업의 현실은 회사를 지키기 위한 최소한의 안전망을 필요로 하고,
- 노동자의 삶은 그 체계 위에서 비로소 지켜질 수 있습니다.

따라서 안전보건관리체계는 "법을 피하기 위한 체계가 아니라, 회사를 지키는 체계"입니다.

이것이 바로 중대재해처벌법이

진정으로 전하고자 하는 메시지이기도 합니다.

제 2 편

중대재해처벌법

제 3 장 중대재해처벌법의 태동 배경

① 반복되는 참사, 멈추지 않는 죽음

한국 산업현장의 역사는 한편으로는 빠른 성장의 기록이지만, 다른 한편으로는 수많은 희생의 역사이기도 합니다.

1990년대 성수대교 붕괴, 삼풍백화점 붕괴 같은 대형 참사에서부터 2000년대 이후 반복된 화재·폭발 사고, 그리고 최근의 물류창고 화재까지 - 우리는 "사고가 발생한 뒤 땜질식으로 수습하는" 관행을 되풀이해 왔습니다.

특히 노동자들은 늘 현장의 최전선에서 위험을 감수해야 했습니다. 화학공장에서의 폭발, 지하 작업장의 질식, 물류창고의 대형 화재… 사건이 발생할 때마다 수십 명의 노동자가 한순간에 목숨을 잃었습니다. 하지만 법과 제도는 늘 "관리 소홀"이나 "안전 수칙 위반"을 이유로 중간 관리자나 하청업체에만 책임을 묻는 수준에 그쳤습니다.

"왜 경영자는 처벌받지 않는가?"

"사람이 죽어도 기업은 멀쩡한데, 이게 정의로운 사회인가?"

유가족과 시민들의 질문은 점점 커져갔습니다.

② 사회를 뒤흔든 사건들

중대재해처벌법을 촉발한 직접적인 계기는 **2010년대 후반 연이어 발생한 참사들**이었습니다.

- **2018년 제천 스포츠센터 화재**
  여성 노인들이 대거 숨졌습니다. 비상구가 막혀 있었고, 안전 관리 책임은 공무원과 건물주 사이에서 떠넘겨졌습니다.

- **2020년 이천 물류창고 화재**
  공사 중이던 현장에서 폭발과 함께 불이 번져 38명이 사망했습니다. 불과 몇 년 전에도 같은 기업에서 비슷한 사고가 있었는데도 제대로 된 안전 대책은 마련되지 않았습니다.

- **구의역 스크린도어 사고 (2016년)**
  스무 살 청년 노동자가 홀로 스크린도어를 수리하다가 전동차에 치여 숨졌습니다. 그의 가방에서 발견된 컵라면 하나는 "청년이 밥 한 끼도 못 먹고 죽었다"는 사실을 상징적으로 보여주며 한국 사회 전체를 울렸습니다.

이 사건들은 국민들에게 단순한 '뉴스'가 아니라 "내 가족도 언제든 희생자가 될 수 있다"는 두려움으로 다가왔습니다. 사회적 분노가 들끓었고, "이제는 근본적인 대책이 필요하다"는 공감대가 퍼졌습니다.

③ 왜 최고 경영자는 처벌받지 않았는가?

사람들이 가장 분노한 부분은 사고 이후의 책임 구조였습니다. 현장 소장은 구속되지만, 본사의 최고 경영자는 늘 법망을 피해갔습니다. 기업은 벌금 몇 억 원으로 사건을 '정리'했고, 유가족의 눈물은 배상금으로 봉합되었습니다. 결국 "사람의 목숨값은 기업의 비용 처리"에 불과하다는 냉혹한 현실이 드러났습니다. 전문가들은 이 구조를 "위험의 외주화"라고 불렀습니다. 위험한 일은 모두 하청업체와 비정규직에게 맡겨두고, 원청 경영자는 안전 관리의 부담을 지지 않는 시스템 말입니다. 이 상황에서 유가족들과 노동계, 시민사회는 국회 앞에 천막을 치고 외쳤습니다.

"기업의 이윤을 위해
노동자의 목숨을 담보로 삼는 사회를 바꿔야 한다."
"사망사고가 나면 경영자가 직접 책임을 져야 한다."

이 목소리가 점점 커지면서, 국회와 정부도 더 이상 외면할 수 없는 상황이 되었습니다.

④ 중대재해처벌법의 제정

2021년 1월 8일, 마침내 「중대재해 처벌 등에 관한 법률」이 국회를 통과했습니다. 흔히 '중대재해처벌법'이라 불리는 이 법은 한국 산업안전 역사에서 획기적인 전환점이었습니다.

핵심내용

- 노동자나 시민이 사망하는 중대재해가 발생하면, 경영책임자도 형사처벌을 받을 수 있음
- 기업은 안전보건 관리체계를 구축해야 하며, 이를 소홀히 하면 형사적·행정적 제재를 받음
- 단순히 사고를 수습하는 차원을 넘어, 예방 차원의 책임을 강하게 부과

이 법은 완벽하지 않습니다. 적용 대상과 처벌 수위, 실효성에 대한 논란도 큽니다. 그러나 분명한 사실은, **"사람의 생명을 비용으로만 보던 시대를 바꾸자"는 사회적 외침이 낳은 산물**이라는 점입니다.

중대재해처벌법은 결국, 수많은 희생자의 이름 위에 세워진 법입니다. 그 눈물과 분노, 그리고 "더 이상 같은 사고는 없어야 한다"는 염원이 모여 만들어낸 결과였습니다.

제 4 장 중대재해처벌법의 내용

① "누가 책임지나요?" – 적용 대상과 범위

한 건설현장에서 사고가 발생해 노동자가 추락해 사망했습니다. 예전 같으면 현장 소장이 구속되고, 회사는 벌금을 내며 사건을 마무리했을 겁니다. 그러나 이제는 다릅니다. "왜 안전조치가 제대로 마련되지 않았는가?"라는 질문이 회사 대표에게까지 향합니다.

중대재해처벌법은 두 가지 영역에 적용됩니다.

- 중대산업재해
  노동자가 다치거나 사망하는 경우.
- 중대시민재해
  제품이나 시설물의 결함으로 시민이 피해를 입는 경우.

즉, 사업장 내부의 직원뿐 아니라,
일반 시민까지도 이 법의 보호 대상이 됩니다.

② "어떤 사고가 중대재해인가요?" – 사고의 기준

예를 들어봅시다.

> ? 한 공장에서 화재가 발생해 노동자 1명이 사망했다면?
> ⚠ 중대재해입니다.
>
> ? 같은 사고로 2명이 크게 다쳐 6개월 이상 치료가 필요하다면?
> ⚠ 역시 중대재해입니다.
>
> ? 또 같은 원인으로 1년 안에 3명 이상이 직업병 판정을 받는다면?
> ⚠ 이것도 중대재해입니다.

정리하면 **사망 1명 이상, 중상자 2명 이상, 직업병 환자 3명 이상**이 중대재해의 기준입니다.

③ "누가 책임지나요?" – 경영책임자의 의무

과거에는 늘 현장 관리자에게만 책임이 돌아갔습니다. 그러나 법은 이제 "경영책임자"를 겨냥합니다.

경영책임자는 누구일까요? 바로 회사의 대표이사, 공장장, 사업본부장처럼 안전보건에 최종적인 권한과 책임을 가진 사람입니다. 즉, "나는 안전 문제를 몰랐다"라고 말해도 책임을 피할 수 없습니다.

법은 경영책임자에게 네 가지 의무를 부과합니다.

> **1** 안전보건관리체계 구축
> 위험을 파악하고 예산과 인력을 확보해야 함.
>
> **2** 재발 방지 대책 수립
> 사고가 나면 보상으로 끝나는 게 아니라,
> 다시는 같은 사고가 일어나지 않도록 해야 함.
>
> **3** 위험성 평가와 개선
> 정기적으로 공정을 분석하고 부족한 부분을 보완해야 함.
>
> **4** 도급·용역·위탁 관리
> 하청업체에도 안전 의무를 적용하고 원청이 책임지고 관리해야 함.

즉, 안전은 단순히 현장의 문제가 아니라, 경영 전략의 핵심 요소로 다뤄야 한다는 의미입니다.

④ "어떤 처벌을 받나요?" – 형사처벌과 벌금

중대재해가 발생했을 때 경영책임자가 받을 수 있는 처벌은 가볍지 않습니다.

> · 사망사고
> 경영책임자는 1년 이상 징역또는 10억 원 이하 벌금.
> 기업은 50억 원 이하 벌금.

· 중대시민재해

경영책임자는 7년 이하 징역또는 1억 원 이하 벌금.

기업은 10억 원 이하 벌금.

즉, 사고가 발생하면 단순히 과태료를 내는 수준이 아니라, 경영자가 실제로 교도소에 갈 수도 있는 법입니다. 기업 입장에서는 그만큼 안전에 투자하지 않을 수 없는 구조가 된 것입니다.

5 "실제로 어떻게 적용됐나요?" – 사례로 보는 법 집행

2022년, 한 제빵공장에서 노동자가 기계에 끼어 사망한 사건이 있었습니다. 과거 같으면 현장 소장만 처벌받았겠지만, 이번에는 대표이사가 기소되었습니다. 기업의 경영진이 법정에 선 첫 사례 중 하나였습니다.

또한 건설현장에서 추락사고가 발생했을 때, 안전난간 설치가 미비했던 것이 드러났습니다. 이 경우에도 단순히 현장 관리자의 책임이 아니라, 원청의 경영진까지 수사 대상이 되었습니다.

이 사례들은 기업에게 강력한 메시지를 던집니다.

"안전에 소홀하면, 단순히 벌금으로 끝나지 않고,
최고 경영자도 처벌을 받는다."

⑥ "앞으로의 과제는 무엇일까요?" – 법의 의의와 미래

중대재해처벌법은 완벽한 법은 아닙니다.

하지만 중요한 전환점을 만들었습니다.

의 의

- 기업이 안전을 비용이 아니라 투자로 보게 만들었다.
- "죽지 않고 일할 권리"라는 사회적 가치를 법으로 보장했다.
- 기업 경영진에게 안전책임을 직접 묻는 구조를 만들었다.

한계와 과제

- 중소기업은 안전관리 역량이 부족해 법 적용이 부담으로 작용.
- "경영책임자"의 범위가 어디까지인지 명확하지 않아 판결 때마다 논란.
- 처벌 위주의 접근만으로는 한계가 있으며, 예방 중심의 정부 지원이 필요.

앞으로는 단순한 처벌에 머물지 않고, AI·IoT·스마트 안전관리 시스템을 활용해 사고를 미리 차단하는 체계가 필요합니다.

맺음말

중대재해처벌법은 사람의 생명을 기업의 비용 항목으로만 보던 시대를 끝내자는 선언입니다. 이 법의 목적은 단순히 경영자를 처벌하는 것이 아니라, "사람이 죽지 않고 안전하게 일할 수 있는 사회"를 만드는 데 있습니다.

기업이 안전을 최우선의 가치로 삼고, 정부가 예방과 지원을 병행할 때, 이 법은 비로소 제 역할을 다할 수 있을 것입니다. 그리고 우리 모두는 그 변화를 통해, 더 이상 같은 사고로 소중한 생명을 잃지 않는 사회를 만들어 갈 수 있을 것입니다.

제 5 장 중대재해처벌법의 산업안전보건법

두 개의 법, 하나의 목표

서울의 한 공장. 현장 소장이 새벽 점검을 마치고 말합니다.

"우린 산업안전보건법에 따라 매일 위험성 평가를 하고 있어요.
그런데 요즘은 중대재해처벌법 때문에 더 긴장됩니다."

옆에서 대표이사는 무거운 얼굴로 덧붙입니다.

"예전에는 사고가 나면 벌금이나 행정처분이면 끝이었지.
하지만 이제는 나도 직접 처벌을 받을 수 있대.
안전은 이제 회사 전체의 문제야."

이 장면 속 두 사람이 말하는 법, 바로 산업안전보건법 (산안법) 과 중대재해처벌법 (중처법) 입니다. 두 법은 이름은 다르지만, 결국 목표는 하나입니다. "사람이 죽지 않고 안전하게 일할 수 있는 세상"을 만드는 것.

산업안전보건법 – 안전의 뼈대

산업안전보건법은 오래전부터 존재해온, 한국 안전법제의 뼈대 같은 법입니다. 쉽게 말해, **산안법은 '안전 수칙과 절차'에 관한 세부 규칙서**라고 볼 수 있습니다.

- 안전모 착용
- 추락 방지 난간 설치
- 위험 기계에는 덮개 설치
- 유해 화학물질은 통풍·보관 규정 준수

이런 구체적이고 세세한 의무를 정해놓은 것이 산안법입니다. 노동자가 하루하루 현장에서 안전하게 일하도록 보호하는 가장 기본적인 장치이지요.

그러나 산안법에는 한계가 있었습니다. **사고가 나면 누구를 처벌할까?** 대부분은 **현장 관리자나 안전담당자**였고, 기업의 경영진은 법망을 피했습니다.

중대재해처벌법 - 책임의 무게를 바꾸다

중대재해처벌법은 이런 현실을 바꾸기 위해 등장했습니다. 이 법은 마치 이렇게 말하는 듯합니다.

"안전은 현장 소장이나 노동자의 몫이 아니다.
경영자, 바로 당신이 책임져야 한다."

즉, **안전의 책임을 위로 올려 보낸 법**입니다. 과거에는 안전사고가 나도 경영자는 "나는 몰랐다"라며 빠져나갔지만, 이제는 불가능합니다. 경영자는 **안전보건관리체계를 구축**하고, 사고 예방을 위한 투자를 해야 하며, 그 의무를 다하지 않으면 형사처벌까지 받을 수 있습니다.

두 법의 차이 - 절차와 책임

여기서 두 법의 역할을 비유해 봅시다.

- **산안법**은 "교통법규"와 같습니다.
  신호등을 지켜라, 제한속도를 지켜라, 안전벨트를 매라.
  즉, **구체적이고 세세한 안전수칙**을 정해 놓은 법입니다.
- **중처법**은 "교통사고 책임법"에 가깝습니다.
  큰 사고가 나면, 운전자가 누구인지, 관리자가 누구인지 묻고,
  그 책임을 끝까지 추적합니다.
  즉, **사고 발생 시 최고 책임자의 책임**을 묻는 법입니다.

따라서 두 법은 상호 배타적이 아니라 **상호 보완적**입니다. 산안법이 일상에서 안전을 지키는 "매뉴얼"이라면, 중처법은 큰 사고가 나지 않도록 기업 전체에 **경각심을 심어주는 울타리**입니다.

현장 이야기 - 안전모 하나의 무게

건설현장 노동자 철수 씨는 매일 아침 안전모를 씁니다. 예전에는 "귀찮지만 법이니까"라는 생각으로 썼습니다. 하지만 요즘은 다릅니다. 현장 관리자가 말합니다.

"안전모 착용은 산안법 규정이야. 지키지 않으면 과태료가 나오지.
그런데 이제는 우리 회사 대표님도 책임질 수 있어.
그러니 네 안전이 곧 회사 전체의 안전이야."

즉, **노동자의 행동 하나하나**가 이제는 **기업 전체의 운명**과 연결되는 구조가 된 것입니다. 이 점에서 두 법은 연결됩니다. 산안법이 노동자의 행동을 규율한다면, 중처법은 경영자의 행동을 규율합니다.

감독관의 눈 - 두 법을 함께 본다

고용노동부의 한 산업안전 감독관은 이렇게 말합니다.

"현장 점검을 나가면, 산안법 위반 사항이 먼저 보입니다.
안전난간이 없는지, 전기 배선이 노출되어 있는지,
화학물질 보관 규칙을 지키는지. 이게 산안법이죠."

"그런데 이제는 '왜 이런 관리가 안 되었나'를 거슬러 올라가 봅니다.
예산을 줄인 건 누구인가, 관리체계를 소홀히 한 건 누구인가.
이게 중처법 관점이에요."

즉, **산안법은 현미경, 중처법은 망원경**이라고 할 수 있습니다. 산안법은 세부 규칙을 들여다보고, 중처법은 기업 전체 구조와 책임을 바라봅니다.

경영자의 자리 — 두 법의 교차점

경영자는 두 법 사이에서 더 이상 자유롭지 않습니다.
산안법에 따라 **안전수칙을 지켜야 하고,**
중처법에 따라 **안전관리체계를 구축해야 합니다.**

즉, 두 법은 함께 작동합니다.

- 산안법이 "안전벨트를 매라"고 규정한다면,
- 중처법은 "안전벨트를 매도록 체계를 만들라, 그리고 이를 지키도록 경영진이 확인하라"고 요구합니다.

기업 경영자는 이제 단순한 '이익 추구자'가 아니라, **노동자와 시민의 생명을 지키는 관리자**가 된 것입니다.

실제 사건 속 두 법의 적용

이천 물류창고 화재 사건을 떠올려봅시다.
당시 노동자 38명이 사망했습니다.

- 산안법은 **"가연성 자재 보관 규칙 위반"**, "화재예방 설비 미비"를 근거로 현장 관리자와 시공사에 과태료와 처벌을 부과했습니다.
- 중처법은 한 발 더 나아가, "왜 이런 위험요소를 제거하지 않았는가? 경영진은 안전관리체계를 만들었는가?"를 따져 묻습니다.

즉, 같은 사고를 바라보되, **산안법은 현장의 잘못, 중처법은 경영진의 책임**을 묻는 구조입니다.

두 법이 만드는 새로운 풍경

과거에는 노동자가 사망해도 "안전관리자가 실수했다"는 말로 사건이 마무리되곤 했습니다. 이제는 상황이 달라졌습니다.

"왜 안전관리자가 혼자 떠맡았는가? 경영자는 무엇을 했는가?"라는 질문이 따라붙습니다. 그 결과 기업은 안전 담당자를 늘리고, 안전예산을 확충하며, 안전보고서를 경영진 회의 안건으로 상정하기 시작했습니다.

즉, 산안법이 **현장 규칙 준수**를 보장한다면, 중처법은 이를 **기업 운영의 중심 과제**로 끌어올린 것입니다.

맺음말 – 두 법은 하나의 안전망

결국 두 법은 대립하는 것이 아니라, **서로 맞물려 돌아가는 두 개의 톱니바퀴**입니다.

- 산안법: "무엇을 지켜야 하는가"를 알려주는 매뉴얼
- 중처법: "누가 책임지는가"를 분명히 하는 책임 규정

두 법이 함께 작동할 때 비로소 **현장은 안전을 지키고, 기업은 책임을 다하며, 사회는 더 이상 불필요한 희생을 반복하지 않게 됩니다.**

이야기의 끝은 결국 단순합니다. “산안법은 안전의 길을 비추는 등불이고, 중처법은 그 길을 외면하지 못하게 하는 채찍이다.” 두 법이 함께할 때, 비로소 노동자와 시민은 안심하고 하루의 일을 시작할 수 있는 것입니다.

제 6 장 중대재해처벌법을 바라보는 시각

노동계의 시각 - "죽지 않고 일할 권리"

서울 구로의 한 지하철 역사. 스무 살 청년이 홀로 스크린도어를 수리하다 목숨을 잃었습니다. 그의 동료들은 여전히 잊지 못합니다.

"우린 늘 위험 속에서 일합니다.
사고가 나도 책임은 현장 관리자 몇 명이 지고 끝나죠.
회사는 벌금 몇 억 내고 넘어갑니다.
그런데 우리 동료는 다시 돌아오지 못합니다."

노동계는 중대재해처벌법을 "마지막 안전망"이라고 부릅니다. 그동안 수많은 산재 예방 규정이 있었지만, 결국 지켜지지 않았습니다. 그래서 "이제는 경영자를 법정에 세워야 한다"는 결론에 도달한 것입니다.

노동조합 간부는 이렇게 말합니다.

"사람은 일하다 죽는 소모품이 아닙니다.
기업이 이윤을 내는 것도 좋지만,
최소한 노동자의 생명 위에서여야 합니다.

중대재해처벌법은 우리에게 처음으로
'죽지 않고 일할 권리'를 법적으로 보장해줍니다."

노동계의 시선에서 이 법은 단순한 처벌법이 아니라, **존엄의 선언**입니다.

경영계의 시각 - "과도한 책임, 경영 위축"

서울 강남의 한 대기업 회의실. 안전보건 담당 임원이 보고합니다.

"대표님, 이제는 사고가 나면 대표님이
직접 형사처벌을 받을 수 있습니다. 징역형 가능성도 있습니다."

대표이사는 얼굴이 굳어집니다.

"내가 모든 현장을 다 지켜볼 수도 없는데,
사고가 나면 결국 내가 책임을 져야 한다는 건가?"

경영계는 중대재해처벌법을 "과도한 책임 전가"라고 생각하는 경우가 많습니다. 특히 중소기업 대표들은 이렇게 말합니다.

"50명도 안 되는 직원과 일하다 사고가 나면,
경영자가 징역형을 살 수 있다니.

우리 같은 작은 회사는 법이 요구하는
안전관리체계를 갖추는 게 현실적으로 어렵습니다."

대기업조차 불만을 토로합니다.

"안전은 중요하지만, 모든 위험을 100% 막을 수는 없습니다.
그런데 사고가 나면 무조건 경영진을 처벌한다면,
결국 기업 활동 자체가 위축될 수밖에 없습니다."

경영계의 눈에 중대재해처벌법은
'기업에 족쇄를 채우는 법'처럼 보입니다.

학계의 시각 - "제도의 진화 과정, 그러나 보완 필요"

대학교 강의실. 안전보건학 교수는 학생들에게 이렇게 말합니다. "산업안전보건법은 오랫동안 현장의 안전을 지켜왔지만, 경영자의 책임은 모호했습니다. 중대재해처벌법은 이 공백을 메우려는 시도입니다."

학계는 이 법을 "제도의 진화 과정"으로 평가합니다. 법이 만들어진 배경을 분석하면, 사회적 분노가 법 제정을 이끌었고, 그 결과 경영진 책임 강화라는 큰 변화를 낳았습니다.

하지만 학계는 동시에 한계를 지적합니다.

- '경영책임자'의 범위가 모호하다.
- 중소기업은 제도 이행 능력이 부족하다.
- 처벌 위주의 접근만으로는 예방 효과가 제한적이다.

학자들은 입을 모읍니다.

"중대재해처벌법은 큰 방향에서는 옳습니다.
하지만 처벌만으로는 부족합니다.
교육, 기술지원, 정부의 제도적 뒷받침이 병행되어야 합니다."

즉, 학계의 시선은 비판적이지만
건설적인 대안 제시에 방점이 찍혀 있습니다.

정부의 시각 – "균형의 곡예"

고용노동부의 한 간부는 이렇게 말합니다.

"우리는 한쪽에서는 노동자들의 생명을 지켜야 하고,
다른 한쪽에서는 기업 활동을 위축시키지 말아야 합니다.
두 가지를 동시에 충족시키는 건 쉽지 않습니다."

정부 입장에서 중대재해처벌법은 '균형의 법'입니다.

- 국민에게는 “이제는 기업이 책임을 지게 됐다”는 안도감을 주고,
- 기업에는 “안전관리체계를 제대로 갖추라”는 압박을 줍니다.

하지만 정부도 어려움이 많습니다. 법 시행 초기, 중소기업들이 앞다투어 민원을 넣었습니다. “현실적으로 지킬 수 없는 법을 만들었다”는 불만이 쇄도했습니다.

이에 정부는 계도기간을 두고, 지침서를 만들고, 지원 사업을 확대했습니다. 그러나 여전히 노동계는 “솜방망이”라고 비판하고, 경영계는 “과도하다”고 불만을 가집니다.

정부는 줄타기를 합니다. **“생명과 경제 사이의 균형”,**
그것이 정부의 시선입니다.

시민단체의 시각 – “이제 시작일 뿐”

시민단체 활동가들은 말합니다.

> “중대재해처벌법은 시작일 뿐입니다. 아직 갈 길이 멉니다.”

시민단체의 눈에는 이 법이 여전히 ‘불완전한 승리’로 비칩니다.

· 적용 대상이 단계적으로 확대되어, 법의 실효성이 늦게 나타난다.
· 처벌 수위가 실제 판결에서는 약화될 가능성이 크다.
· 피해자와 유가족의 목소리가 여전히 충분히 반영되지 못한다.

그러나 그들은 희망을 말합니다.

"이 법이 없었다면,
경영자들이 안전을 이렇게까지 신경 쓰지 않았을 겁니다.
최소한 이제는 '사람이 죽으면 회사 대표가 책임질 수 있다'는
공포가 생겼습니다. 그것만으로도 사회는 변하고 있습니다."

시민단체에게 중대재해처벌법은 "더 나은 세상을 향한 첫걸음"입니다.

맺음말 - 다섯 가지 시선, 하나의 교차점

노동계는 "생명을 지키는 최후의 보루"라 말하고,
경영계는 "기업을 위축시키는 족쇄"라 주장합니다.
학계는 "제도의 진화"라 평가하고,
정부는 "균형의 곡예"라 고민합니다.
시민단체는 "더 나아가야 할 시작점"이라 외칩니다.

각자의 언어와 시선은 다르지만, 하나의 교차점이 있습니다.
"더 이상 불필요한 죽음을 반복하지 말자."

중대재해처벌법은 완벽하지 않습니다. 그러나 이 법을 둘러싼 다양한 목소리는 결국 한 방향을 향합니다.

"사람이 죽지 않고 안전하게 일하는 사회."

그 목표를 향해, 법과 제도가 끊임없이 다듬어지고 보완되어야 합니다.

제 3 편

안전보건관리체계의 내용

제 7 장 체계의 7가지 핵심요소

안전보건관리체계는 두꺼운 매뉴얼이나 복잡한 법 조항이 아닙니다.
현장에서 사람을 지키는 7가지 기본 원칙이자,
모두가 지켜야 할 생활의 약속입니다.
그 약속이 지켜질 때,
비로소 "사고를 막을 수 있다"는 믿음이 현실이 됩니다.

① 경영자 리더십 – "안전은 CEO의 서명에서 시작된다"

한 화학기업의 CEO는 매년 초 직원들과 함께 **안전서약식**을 합니다.
사내 전광판에는 그의 서명이 찍힌 안전보건 방침이 걸려 있고,
임원들은 직접 현장을 돌며 근로자와 대화합니다.

그는 늘 이렇게 말합니다.

"생산 목표도 중요하지만,
여러분이 무사히 집으로 돌아가는 것이 더 큰 목표입니다."

그 한마디는 곧 기업의 문화가 되었고,
이 회사는 3년간 중대재해 '0' 을 기록했습니다.

리더의 의지가 안전문화의 출발점입니다.

② 근로자 참여 – "안전은 현장에서 답을 찾는다"

자동차 부품사 oo산업은 스마트 안전관리 앱을 도입했습니다. 근로자는 위험요인을 사진으로 찍어 올리면 즉시 관리자에게 알림이 가고, 조치 결과도 공유됩니다.

또 다른 공장에서는 매일 아침 TBM(작업 전 안전회의)을 통해 5분간 위험요인을 공유합니다. 예전에는 "위험하다"고 말하기 어려웠지만, 지금은 버튼 하나로, 또는 회의 자리에서 누구나 목소리를 낼 수 있습니다.

작은 참여가 쌓여 큰 사고를 막습니다.

③ 위험요인 파악 – "아차사고가 사고를 막는다"

OO 공장에서는 작은 아차사고도 그냥 넘어가지 않습니다.
예를 들어, 근로자가 발에 걸려 넘어질 뻔한 사건조차 기록합니다.
이 데이터는 **위험성평가**로 이어지고, 개선 조치로 연결됩니다.

"큰 사고는 작은 신호를 보낸다."

이 철학이 현장에 뿌리내려,
눈에 보이지 않는 위험까지 드러나게 만듭니다.

④ 위험요인 제거·대체·통제 – "잠금표지 하나가 생명을 지킨다"

한 전자부품 공장에서 기계 정비 중 손 부상이 발생했습니다.
회사는 즉시 **LOTO(Lock Out Tag Out)** 제도를 전면 도입했습니다.
정비 전 반드시 전원을 차단하고,
개인 자물쇠와 태그를 걸어야 기계가 작동하지 않도록 한 것입니다.
근로자들은 처음엔 번거롭다 했지만, 지금은 누구나 당연하게 지킵니다.
그 결과, 2년째 사고가 한 건도 발생하지 않았습니다.

> 기술적·공학적 통제는
> **사람의 실수를 보완하는 안전장치**입니다.

⑤ 비상조치계획 – "훈련은 연극이 아니라 생존 연습"

S식품 OO공장에서는 매년 화재 상황을 가정한 비상대응 훈련을 합니다.
알람이 울리면 근로자들은 지정된 통로로 대피하고,
동시에 문자 비상알림시스템이 관리자들의 휴대폰에 상황을 전송합니다.

처음엔 "쇼 같은 훈련"이라 불평했지만, 실제 화재가 발생했을 때 모두 침착하게 대피할 수 있었습니다.

> 훈련은 보여주기식 이벤트가 아니라,
> **생명을 지키는 리허설**입니다.

⑥ 도급·용역 관리 – "하청의 안전은 원청의 책임"

한 조선소에서 하청 노동자가 안전벨트를 매지 않고 작업하다 추락사한 사건이 있었습니다. 이후 원청은 **재해예방능력평가제**를 도입했습니다. 협력업체의 안전 수준을 평가하고, 점수가 낮으면 계약 자체를 하지 않았습니다.

하청업체 관계자는 이렇게 말했습니다.

"처음엔 부담이었지만,
지금은 우리도 안전 수준을 끌어올려야
생존할 수 있다는 걸 깨달았습니다."

원청과 하청의 경계는
곧 **생명의 경계**이기도 합니다.

⑦ 평가와 개선 – "점검은 끝이 아니라 시작"

K유화 울산공장은 자체 감사제도를 운영합니다.
분기마다 내부 점검을 하고, 그 결과를 CEO에게 직접 보고합니다.
발견된 미비점은 즉시 개선계획으로 이어지고,
3개월 뒤 이행 여부를 다시 확인합니다.

근로자들은 말합니다.

"예전엔 지적만 받고 끝났지만,
이제는 개선이 따라오니까 점검이 기다려집니다."

점검은 잘못을 찾는 과정이 아니라,
변화를 시작하는 출발점입니다.

메시지

안전보건관리체계의 7가지 핵심요소는 따로 떨어진 조각이 아닙니다.

- **리더십**은 방향을 제시하고,
- **근로자 참여**는 현장의 힘을 불어넣습니다.
- **위험요인 관리**는 사고를 막는 구체적 행동으로 이어집니다.
- **비상계획·도급 관리·평가와 개선**이 뒷받침될 때,

체계는 비로소 **살아 움직이는 유기적 흐름**이 됩니다.

안전은 거창한 구호가 아니라,
작은 약속과 반복되는 실천이 모여
완성되는 문화입니다.

생각해보기

: 위험성평가의 이해와 기본원리

제 1 절 위험성평가란 무엇인가?

작업장이 막 문을 연 아침,
안전관리자 김 대리는 현장을 둘러보며 마음속으로 질문을 던진다.
"여기서 가장 위험한 게 뭘까?"
바로 이것이 위험성평가의 출발점이다.

위험성평가(Risk Assessment)란,
사업장에서 발생할 수 있는 유해·위험요인을 찾아내고,
그 위험이 얼마나 큰지 따져 본 다음,
허용할 수 있는 수준으로 낮추기 위한 방법을
결정하고 실행하는 과정을 말한다.

사고를 막고, 법을 지키고, 회사를 지키는 평가

김 대리가 위험성평가를 하는 이유는
단순히 보고서를 작성하기 위함이 아니다.

첫째, 사고를 예방하기 위해서다.
재해는 예고 없이 찾아오지만, 평가를 통해 충분히 막을 수 있다.

둘째, 법적 의무를 지키기 위해서다.
산업안전보건법이나 중대재해처벌법은 위험성평가를 기본으로 요구한다.

셋째, 회사의 지속가능한 성과를 위해서다.
안전에 투자한 기업은 생산성과 이미지가 동시에 올라간다.

세 가지 질문으로 풀어보는 위험성평가

김 대리는 현장 작업자를 불러 함께 이야기를 나눈다.

"먼저, 무엇이 위험할까?
예를 들어, 미끄러운 바닥이나 고장 난 전동 공구가 있을 수 있겠지."

"그다음엔 얼마나 위험할까?
즉, 사고가 발생할 가능성과 결과가 얼마나 큰지를 따져봐야 해."

"마지막으로, 어떻게 줄일 수 있을까?
개선대책을 마련하고 실행해야 하지."

이 세 가지 질문이 곧 위험성평가의 핵심이다.

5단계 절차로 움직이는 실무

실제로 위험성평가는 다섯 단계로 진행된다.

1단계 위험요인을 파악한다.
2단계 위험성을 추정한다.
3단계 허용 가능한 수준인지 결정한다.
4단계 개선대책을 세운다.
5단계 실행하고 점검한다.

이 과정이 제대로 돌아가야만 '평가'가 아니라 '실제 안전활동'이 된다.

잊지 말아야 할 핵심

위험성평가는 단순히 종이 위에 기록하는 작업이 아니다.
현장을 바꾸는 활동이어야 한다.
또한, 경영자부터 관리자, 작업자까지 전 조직이 참여해야만
제대로 효과를 발휘한다.
그리고 일회성 평가가 아니라,
정기적으로, 필요할 때마다 수시로 반복해야 한다.

한눈에 정리하기

김 대리는 현장 칠판에 이렇게 적어둔다.

> "무엇이 위험한가 → 얼마나 위험한가 → 어떻게 줄일 것인가"

짧은 문장이지만, 위험성평가의 모든 흐름을 담고 있다.
이제 현장의 모든 구성원은 이 질문을 떠올리며 매일의 작업을 시작한다.

제 2 절 위험성평가의 법적 근거와 제도의 발전 과정

아침 회의실.

작은 제조업체를 운영하는 이 사장은 노트를 펼쳐놓고 안전관리자 박 대리와 이야기를 나누고 있었다.

“박 대리, 요즘 뉴스 보니까 중대재해처벌법 때문에 기업들이 많이 긴장한다던데… 우리도 준비가 필요할까?”

박 대리는 고개를 끄덕이며 차분히 설명했다.

“사장님, 사실 위험성평가는 이제 선택이 아니라 의무입니다. 산업안전보건법 제36조에서는 사업주가 반드시 유해·위험요인을 평가하도록 정하고 있고, 제41조는 그 결과를 토대로 개선대책을 마련해야 한다고 명시하고 있어요. 그리고 제42조에서는 근로자의 참여까지 보장해야 하고요.”

“흠… 그럼 그냥 서류만 만들어두면 되는 거 아닌가?”

사장의 물음에 박 대리는 고개를 저었다.

“과거에는 그렇게 생각하는 분들이 많았습니다. 실제로 2000년대 초반에 처음 도입될 때는 영국, 일본 제도를 따라 했지만, 보고서만 작성하고 끝나는 경우가 많았거든요.”

제도의 발전 과정, 그리고 우리나라의 길

박 대리는 화이트보드에 연도를 적어 내려갔다.

2000년대 초반

"위험성평가 필요성"이 강조되던 시기.

하지만 대부분은 보여주기식 보고서에 그쳤다.

2008년

산업안전보건법 개정으로 법적 의무화.

한국산업안전보건공단이 매뉴얼을 보급하면서

대기업부터 제도를 도입했다.

그러나 중소기업은 여전히 형식적으로 운영하는 경우가 많았다.

2015년 이후

정부가 자율안전보건을 강조하며

컨설팅 지원, 패키지 사업을 확대했다.

하지만 현실에서는

"종이만 두꺼운 보고서"가 되는 경우가 많았다.

2022년

중대재해처벌법 시행.

이제는 위험성평가를 하지 않으면

형사처벌이나 기업 이미지 손상까지 이어진다.

기업의 사회적 책임(ESG)과도 직결되는 문제다.

사장은 그제야 표정이 무거워졌다.

“결국, 위험성평가를 제대로 하지 않으면 법적으로도,
경영적으로도 큰 타격을 입는다는 거군.”

현장에서 배워야 할 교훈

박 대리는 덧붙였다.

“맞습니다. 이제는 형식적인 보고서가 아니라 실질적인 개선 활동으로 이어져야 합니다. 특히 중소기업은 복잡한 서류보다 단순화된 기법과 디지털 도구가 필요합니다. 또, 경영진이 ‘법을 피하려고 하는 일’이 아니라, ‘생산성과 안전을 함께 올리는 투자’라고 생각해야 하고요.”

그리고 그는 마지막으로 현장 사진 몇 장을 보여주며 말했다.

“무엇보다 중요한 건 근로자 참여예요. 현장에서 매일 일하는 사람들이 직접 위험요인을 이야기하고 개선안을 내야 실효성이 있습니다. 그렇지 않으면 제도는 종이 위에서만 존재하게 되죠.”

핵심 메시지 – 현장 칠판에 남은 문구

회의가 끝나고, 박 대리는 현장 칠판에 굵은 글씨로 적어두었다.

> **"위험성평가는 법적 의무다.**
> **형식이 아니라, 개선 활동으로 이어져야 한다.**
> **성공하려면 경영진의 의지, 전 직원의 참여,**
> **그리고 지속적 실행이 필요하다."**

사장은 그 글귀를 읽으며 고개를 끄덕였다.

"박 대리, 알겠네. 이제 우리도 보여주기식이 아니라,
제대로 된 위험성평가를 해야겠어."

제 3 절 위험성평가의 시사점 – 문제점과 대책 중심

작은 제조업체 회의실.

안전관리자 박 대리가 프레젠테이션 화면을 켜자, 사장과 부서장들이 하나둘 자리에 앉았다.

1. 형식적 평가에 그치는 문제

박 대리 – "여러분, 지금까지 저희가 작성한 위험성평가 보고서를 보시면, 사실 양식은 잘 채워져 있습니다. 그런데 현장에서 실제로 개선된 건 얼마나 될까요?"

공장장 김 부장이 머쓱하게 웃었다.

"솔직히 말하면… 보고서 제출용으로만 작성한 게 많습니다. 체크는 했지만 조치가 끝났는지는 확인을 잘 안 했죠."

박 대리는 단호하게 말했다.

"그래서 이행 점검 체크리스트를 도입해야 합니다. 개선조치 완료 여부를 추적하고, 경영자 보고서에도 반드시 반영하겠습니다."

2. 전 조직 참여 부족

회의실 뒤편에서 현장 반장 이 씨가 조심스럽게 입을 열었다.

“사실 평가할 때 안전팀에서만 하고, 우리 작업자들은 불려가도 대충 의견만 묻는 수준이잖아요. 그러니 현장 위험이 잘 안 잡히죠.”

박 대리는 고개를 끄덕였다.

“맞습니다. 앞으로는 작업자 참여형 평가로 바꾸겠습니다. 각 부서별로 안전리더를 지정하고, 참여도에 따라 인센티브도 주도록 하죠.”

사장은 흡족한 듯 말했다.

“좋네. 그래야 진짜 위험이 드러나겠지.”

3. 설계·계획 단계 반영 미흡

설비팀 박 차장이 손을 들었다.

“문제는 기존 설비만 평가하고 있다는 겁니다. 새 설비를 들여올 때는 위험 검토를 거의 안 하잖아요.”

박 대리가 화이트보드에 크게 적었다.

"설계 위험성평가(Design Review)를 제도화해야 합니다.
앞으로 신공정이나 신설비를 도입할 때는
반드시 사전 검토를 거치고,
PSM 절차와도 연계하겠습니다."

4. 중소기업의 실행력 한계

사장이 깊은 한숨을 내쉬었다.

"솔직히 우리 같은 중소기업이 전문 인력도 없는데, 이걸 다 제대로 하기엔 벅차네."

박 대리는 준비해온 자료를 내밀었다.

"그래서 정부와 안전보건공단이 제공하는 간이평가 도구를 활용합시다. 또 업종별 대표 위험요인 데이터베이스를 공유받고, 컨설팅 지원도 받을 수 있습니다. 혼자 끌어안지 말고 외부 자원을 적극 활용해야 합니다."

5. 평가 결과의 사후 관리 부족

품질팀장은 고개를 갸웃하며 말했다.

"그런데, 개선조치가 한 번 끝나면 또 그대로 방치되는 경우가 많지 않나요? 시간이 지나면 위험이 다시 생기더라고요."

박 대리가 힘주어 말했다.

"그게 바로 문제입니다. 이제는 PDCA 사이클 기반 모니터링 체계를 구축하겠습니다. 개선율을 KPI에 반영하고, 정기적인 재평가도 진행하죠. 정적인 평가가 아니라 Dynamic RA, 즉 '살아 있는 위험성평가'가 필요합니다."

6. 안전문화 정착 미흡

잠시 정적이 흐른 뒤, 사장이 입을 열었다.

"사실 나도 위험성평가를 비용으로만 생각해왔어. 직원들은 귀찮아하고… 문화가 문제인 것 같네."

박 대리는 미소 지으며 말했다.

"맞습니다. 그래서 경영자 메시지를 자주 발신해 주셔야 합니다. 교육도 법규 조항만 읊지 말고, 실제 사고 사례를 중심으로 하겠습니다. 또 위험성

평가 우수 사례를 발굴해서 포상제도를 마련하면 분위기가 달라질 겁니다."

회의가 끝난 뒤, 박 대리는 칠판에 굵게 적어두었다.

"위험성평가는 서류가 아니라 행동이다.
전 직원이 참여하고, 설계 단계부터 시작하며,
중소기업도 지원을 받아 실행해야 한다.
사후 관리와 안전문화가 뒷받침될 때
비로소 사고는 줄어든다."

사장은 그 글귀를 바라보며 속으로 다짐했다.

"이제부터는 보여주기가 아니라, 정말 살아 있는 위험성평가를 하겠어."

제 4 절 위험성평가 절차

점심시간이 막 끝난 공장 회의실.

안전관리자 박 대리는 새로 입사한 직원들과 반장들을 불러 모았다. 칠판에 굵은 글씨로 적힌 문구가 눈에 들어왔다.

"위험성평가는 서류가 아니라, 현장을 지키는 과정이다."

1. 준비 단계

박 대리가 말을 시작했다.

"오늘은 우리가 매일 하는 용접작업을 예로 들어 보겠습니다. 무엇을 평가할지 먼저 정해야 합니다. 이번엔 '용접작업'을 선택했죠."

그는 참가자들을 둘러보며 팀을 꾸렸다.

"작업반장님, 근로자 대표님, 그리고 저. 이렇게 팀을 구성합니다. 필요하면 외부 전문가도 불러야겠죠. 자료도 모아야 합니다. 사고 기록, 작업표준, 그리고 MSDS까지."

신입 직원 중 한 명이 물었다.

"그럼 서류만 보면 되는 건가요?"

박 대리는 고개를 저었다.

“아니에요. 서류는 시작일 뿐,
중요한 건 현장에서 직접 눈으로 보는 겁니다.”

2. 위험요인 파악

팀은 실제 용접 구역으로 나갔다.

박 대리가 주변을 가리키며 말했다.

“자, 여기 불꽃이 튀죠? 이건 화재 위험입니다.
또 보세요, 연기가 자욱하니 호흡기 손상 우려도 있습니다.”

작업자가 맞장구쳤다.

“맞습니다. 여름철엔 환기도 잘 안 돼서 더 힘들어요.”
“좋습니다. 이렇게 현장 의견이 바로 위험요인으로 반영되는 겁니다.”

3. 위험성 추정

회의실로 돌아온 박 대리는 칠판에 표를 그렸다.

화재 가능성	피해 강도	위험도
보통	심각	높음(高)

위험성 = 발생 가능성 × 피해 강도

"이게 바로 위험성 추정입니다. 위험성은 '발생 가능성 × 피해 강도'로 계산합니다. 숫자로 점수를 매기기도 하고, 이렇게 낮음·보통·높음으로 나누기도 하죠."

4. 위험성 결정

박 대리는 표를 가리키며 강조했다.

"이제 판단해야 합니다. 화재 위험은 '높음'이니까 반드시 개선해야 합니다. 반면, 연기 노출은 위험도가 낮거나 보통 수준이면 보호구 착용이나 환기 강화로 관리할 수 있겠죠."

반장이 끄덕이며 말했다.

"즉, 위험이 크면 무조건 대책이 필요하다는 거군요."
"정확합니다."

5. 대책 수립 및 실행

박 대리가 손가락으로 하나씩 꼽아 나갔다.

"대책에는 우선순위가 있습니다.
첫째, 제거 – 위험을 아예 없애기.
둘째, 대체 – 더 안전한 물질이나 방법 쓰기.
셋째, 공학적 대책 – 환기장치, 안전장치 설치.
넷째, 관리적 대책 – 작업순서 변경, 교육 강화.
마지막, 개인보호구 – 가장 뒤에 오는 보완책이죠."

그는 예시를 들었다.

"우리 용접작업에서는 불꽃 차단막 설치, 환기팬 추가, 보호구 지급이 필요하겠네요."

6. 절차를 지키지 않을 때의 문제

박 대리는 잠시 말을 멈추고 직원들을 바라보았다.

"만약 우리가 이 절차를 지키지 않으면 어떻게 될까요? 서류만 남고, 현장 위험은 그대로 방치됩니다. 안전팀만 평가하면 실제 작업 특성이 반영되지 않죠. 결국 보고서에는 개선대책이 있지만, 현장에는 아무 변화가 없을 겁니다."

회의실이 조용해졌다. 모두가 과거의 사고 사례를 떠올리는 듯했다.

7. 성공적인 절차 운영 포인트

박 대리는 마지막으로 칠판에 네 가지 키워드를 적었다.

현장 참여 - 작업자가 직접 위험요인을 발굴해야 효과 ↑
경영층 의지 - 자원(예산·인력) 지원 필수
주기적 재평가 - 신규 설비, 공정 변경, 사고 발생 후 반드시
실행 확인 - 개선이 실제로 이뤄졌는지 점검

8. 핵심 메시지

교육이 끝나갈 무렵, 박 대리는 한 문장을 강조하며 마무리했다.

"위험성평가는 이벤트가 아니라 과정입니다.
찾고, 평가하고, 줄이고, 확인하는 순환을 계속 이어갈 때
비로소 우리의 안전이 지켜집니다."

직원들은 고개를 끄덕이며 자리에서 일어났다. 오늘 배운 절차가 단순한 이론이 아니라, 곧바로 자신의 작업 현장에서 지켜야 할 생명줄이라는 것을 느끼고 있었다.

제 5 절 현장에서 자주 하는 오해와 잘못된 적용 사례

비 오는 어느 오후, 안전교육장이 분주했다. 박 대리는 현장 관리자들과 작업자들을 모아 두고, 칠판에 굵은 글씨로 썼다.

"위험성평가는 보고서가 아니라, 생명을 지키는 도구입니다."

사람들이 웅성거렸다. 박 대리는 차분히 말을 이어갔다.

오해 ① "위험성평가는 서류 작업이다"

박 대리가 첫 번째 오해를 꺼냈다.

"많은 분들이 평가표만 작성하면 끝났다고 생각합니다. 하지만 보고서만 있고 난간은 설치되지 않으면 무슨 소용이 있을까요?"

그는 실제 사고 사례를 들려줬다.

"한 건설현장에서 추락방지 난간을 설치하지 않고 서류만 정리했어요. 결국 근로자가 추락해 크게 다쳤습니다. 보고서가 아니라 현장 개선이 핵심입니다."

사람들 얼굴이 굳어졌다.

오해 ② "안전관리자만 하면 된다"

"두 번째는 '안전팀만 하면 된다'는 생각입니다."

박 대리는 작업자들을 바라봤다.

"현장에서 가장 위험을 잘 아는 건 누구일까요?"
"저희 작업자들이죠."

한 사람이 대답했다.

"맞습니다. 실제로 어떤 화학공장에서는 안전팀이 화재만 평가했지만, 작업자가 지적한 '밸브 누출 위험'은 무시됐습니다. 결국 누출 사고가 터졌죠. 작업자의 참여 없이는 진짜 위험을 찾을 수 없습니다."

오해 ③ "위험요인은 한 번만 찾으면 된다"

박 대리는 손가락으로 칠판을 두드렸다.

"기계나 공정이 바뀌면 위험도 달라집니다. 하지만 옛날 평가표만 고집하는 경우가 많습니다."

그는 또 다른 사례를 소개했다.

“어느 공장에서 기계를 교체했는데, 협착 위험이 새로 생겼습니다. 하지만 재평가를 안 했어요. 결국 부상 사고가 일어났죠. 위험성평가는 한 번 하고 끝나는 게 아니라, 변화가 생길 때마다 다시 해야 합니다.”

오해 ④ “개인보호구 지급만 하면 안전하다”

“네 번째는 보호구만 믿는 경우입니다.”

박 대리는 깊은 숨을 내쉬며 말을 이었다.

“화학물질 취급 작업장에서 환기장치 하나 없이 마스크만 줬습니다. 결과가 어땠을까요? 작업자들이 호흡기 질환에 걸렸습니다. 보호구는 최후의 보완책이지, 절대 만능이 아닙니다. 제거·대체·공학적 대책이 먼저입니다.”

오해 ⑤ “평가 점수 낮추면 안전하다”

“다섯 번째는 ‘점수를 낮게 적으면 안전하다’는 착각입니다.”

박 대리는 고개를 저었다.

“한 공장에서 근골격계 질환이 반복적으로 발생했는데, 평가표에는 ‘발생 가능성 낮음’이라고 적혀 있었어요. 하지만 현실은 달랐죠. 점수는 단지 도구일 뿐입니다. 실제 위험을 줄이는 게 진짜 안전입니다.”

오해 ⑥ "중소규모 사업장은 안 해도 된다"

마지막으로 박 대리는 중소기업 대표들을 바라보며 말했다.

"'우리 회사는 작으니까 안 해도 된다'고 생각하시는 경우가 있습니다. 하지만 법은 규모를 가리지 않습니다. 더구나 인력이 적을수록 한 번의 사고가 더 치명적이 될 수 있습니다."

그는 제안을 덧붙였다.

"큰 시스템을 도입하기 어렵다면, 체크리스트나 JSA 같은 간단한 방법으로라도 반드시 수행해야 합니다."

핵심 메시지

교육이 끝날 무렵, 박 대리는 마무리했다.

"위험성평가는 서류가 아니라 실행입니다. 안전팀만이 아니라 모두의 참여가 필요합니다. 한 번으로 끝나는 게 아니라, 계속 이어가야 합니다. 보호구보다 근본적 대책이 먼저입니다. 점수를 낮추는 게 아니라, 위험을 낮추는 게 핵심입니다."

사람들의 표정에는 더 이상 '형식적인 평가'에 머물 수 없다는 깨달음이 스며들어 있었다. 위험성평가는 단순한 절차가 아니라, 곧 사람의 생명과 직결된 약속임을 모두가 실감한 순간이었다.

제 8 장 체계가 작동하는 방식 - PDAC 사이클

1 "현장은 살아있는 유기체"

한 사업장을 들여다보면, 마치 사람의 몸과 같습니다.

- 기계와 설비는 근육처럼 움직이고,
- 전기와 배관은 혈관처럼 흐르며,
- 근로자들은 두뇌와 신경처럼 서로 연결되어
  현장을 살아 움직이게 합니다.

그런데 이 몸이 건강을 유지하려면 순환이 필요합니다. 먹고, 움직이고, 점검하고, 고쳐나가는 과정이 멈추면 몸은 병에 걸리듯, 사업장의 안전도 정체되면 결국 사고로 이어집니다. 이 순환의 이름이 바로 **PDCA 사이클**입니다.

② Plan – 계획은 현실에서 시작된다

한 중소기업을 컨설팅할 때였습니다.

벽면 곳곳에 낡은 전선이 피복도 없이 드러나 있었습니다. 사장은 "이 정도야 늘 쓰던 거라 괜찮다"고 했지만, 제가 물었습니다.

"만약 오늘 스파크가 튀면요?"

그 순간, 사장의 표정이 달라졌습니다. 그 자리에서 회사는 이렇게 다짐했습니다.

"올해는 전기설비 안전을 최우선 목표로 한다."

계획은 먼 미래의 책상 위에서 만들어지는 것이 아니라, **현장의 현실**에서 출발하는 것입니다.

③ Do – 실행은 작은 실천으로 이어진다

계획을 세웠다면, 실행은 구체적인 행동으로 이어져야 합니다.

그 회사는 곧바로 낡은 전선을 교체하고, 차단기를 새로 설치했습니다. 근로자들에게는 매일 작업 전 5분 동안 TBM(작업 전 안전회의)을 실시했습니다.

"오늘은 어떤 위험이 있을까요?"

작은 질문이었지만, 매일 반복되며 **안전을 행동으로 습관화**하는 계기가 되었습니다.

④ Check - 점검은 거울을 보는 과정이다

몇 달 후 다시 찾은 현장에서, 한 직원이 이렇게 말했습니다.

"예전에는 사고가 나면 '운이 나빴다'고 생각했는데,
이제는 우리 스스로 위험을 찾아내야 한다는 걸 알게 됐습니다."

회사는 **자율점검표**를 만들어 스스로 확인했습니다. 전기설비뿐 아니라 화학물질, 소화기 위치, 피난통로까지 점검했습니다. 이 과정은 마치 **거울을 보며 건강 상태를 확인하는 것**과 같습니다. 문제를 발견하면 고치고, 잘한 점은 강화하는 것입니다.

⑤ Act - 개선은 다시 살아 움직이게 한다

점검 과정에서, 일부 작업자가 여전히 안전모를 착용하지 않는 문제가 드러났습니다. 예전 같으면 "규정 위반"으로 끝났겠지만, 이번에는 달랐습니다.

회사는 교육을 강화하고, 작업반장에게 권한을 주어 즉시 시정할 수 있게 했습니다. 그 결과, 안전모 착용률이 95% 이상으로 올랐습니다.

개선은 단순히 잘못을 고치는 것이 아닙니다. 조직에 새로운 활력을 불어넣는 과정입니다. 이렇게 개선된 체계는 다시 다음 계획으로 이어지고, 현장은 끊임없이 성장하게 됩니다.

⑥ 메시지 – 매뉴얼이 아니라 살아있는 순환

많은 기업들이 안전보건관리체계를 "두꺼운 매뉴얼 책자"로만 생각합니다. 그러나 실제로는 순환하는 과정입니다.

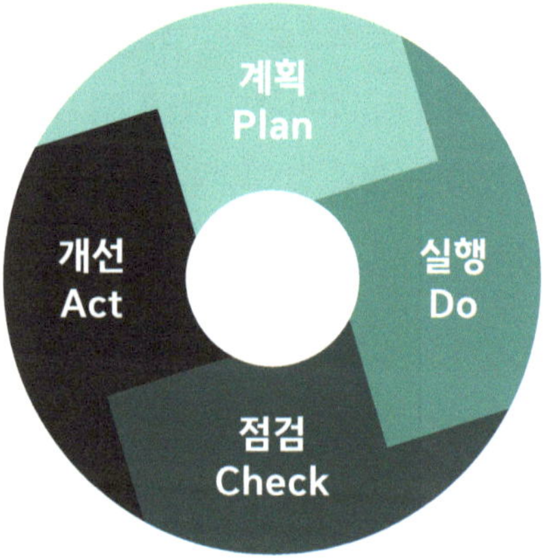

계획(Plan) → 실행(Do) → 점검(Check) → 개선(Act)

이 네 단계가 돌고 돌아야, 현장은 끊임없이 살아 숨쉴 수 있습니다.

안전보건관리체계는 매뉴얼이 아니라,

살아있는 유기체의 순환 구조입니다.

제 9 장 안전보건관리체계와 안전보건경영시스템의 관계

1 제도의 출발점이 다른 두 체계

한 중소기업의 대표는 이렇게 말했습니다.

"우리는 ISO 45001 인증을 받았는데,
왜 또 안전보건관리체계를 구축하라고 하나요?"

많은 기업들이 이런 의문을 가집니다. 두 체계는 이름도 비슷하고, 다루는 요소도 비슷하기 때문입니다. 하지만 뿌리를 살펴보면 차이가 분명합니다.

- **안전보건관리체계(법적 요구)**

  중대재해처벌법에 따른 경영책임자의 의무를 다하기 위한 최소 기준.

  즉, "사고를 예방하기 위한 법적 안전망".

- **ISO 45001 (국제표준)**

  국제적으로 통용되는 경영시스템 표준.

  인증을 통해 대외 신뢰를 확보하는 데 목적.

- **KOSHA-MS (안전보건공단 인증제도)**

  한국의 실정에 맞게 설계된 자율적 관리체계.

  법 준수와 더불어 현장 적용성을 강화.

즉, 법적 요구 vs 국제인증 vs 국내형 인증이라는 출발점이 다릅니다.

② 공통점 - 같은 언어를 쓰고 있다

세 체계 모두 PDCA 사이클(Plan-Do-Check-Act)을 기반으로 합니다.

- **Plan** : 위험성평가, 목표 설정
- **Do** : 조직 운영, 교육, 실행
- **Check** : 점검, 성과평가
- **Act** : 개선, 재발방지

즉, **경영자 리더십·근로자 참여·위험성평가·비상조치·지속개선**이라는 요소는 똑같이 강조됩니다. 한마디로, "말은 다르지만, **같은 언어**를 쓰고 있는 셈"입니다.

③ 차이점 - 목적과 운영 방식

- 안전보건관리체계 : 법적 처벌을 피하고, 사고 예방을 위한 최소한의 안전망을 확보하는 데 초점.
- KOSHA-MS : 국내 실정에 맞게 구체적 매뉴얼과 가이드를 제공, 현장 실행력을 강화하는 데 중점.
- ISO 45001 : 해외 고객사, 글로벌 발주처까지 인정받을 수 있는 국제적 신뢰와 경쟁력 확보가 핵심 목적.

즉, 법은 지켜야 할 '의무', KOSHA-MS는 실천을 돕는 '도구', ISO 45001은 글로벌로 나아가는 '여권'입니다.

구분	안전보건관리체계 (중대재해처벌법)	ISO45001	KOSHA-MS
출발점	법적 준수 의무	국제표준 인증	한국형 인증제도
목적	경영책임자 처벌 및 재해예방	글로벌 거래 신뢰 확보	법 준수 + 현장 실행력 강화
운영 주체	기업 자율 구축 (법적 강제)	인증기관 심사	안전보건공단 심사 · 인증
적용 범위	모든 사업장(의무)	글로벌기업 · 수출 기업 중심 (선택)	국내기업(선택)
특징	최소기준, 하청 · 용역 관리강조	문서화 · 인증 위 주, 절차 체계적	현장 실무 중심, 한국형 실정 반영
평가 방식	법 위반시 형사처벌	주기적 인증심사	인증심사 및 사후관리

④ 보완적 관계

실제 한 건설사의 사례를 보면,

- 먼저 법적 안전보건관리체계를 갖춰
  경영책임자의 의무를 다했습니다.
- 이후 KOSHA-MS 인증을 받아 현장 실행력을 체계화했습니다.
- 마지막으로 ISO 45001 인증까지 받아
  글로벌 발주처 신뢰를 얻었습니다.

즉,

- 관리체계는 "최소 안전망",
- KOSHA-MS는 "현장 맞춤형 실행력 강화",
- ISO 45001은 "글로벌 경쟁력 확보"라는
  보완적 단계로 이해할 수 있습니다.

⑤ 메시지

안전보건관리체계와 안전보건경영시스템은 충돌하는 제도가 아닙니다. 오히려 기업이 안전보건을 경영의 한 축으로 삼아 성장하는 과정에서, 단계별로 필요한 도구들입니다.

- 관리체계는 법적 최소 기준,
- KOSHA-MS는 한국적 현장 실행력 강화,
- ISO 45001은 국제적 신뢰 확보.

한마디로, "안전보건관리체계는 의무, KOSHA-MS는 실행, ISO 45001은 신뢰"입니다.

제 4 편

안전보건관리체계 구축을 위한 현실적 방안

제 10 장 대기업 VS 중소기업, 무엇이 다른가?

① "같은 법, 다른 무게"

2022년 중대재해처벌법이 시행되었을 때, 대기업과 중소기업 모두 긴장했습니다. 하지만 현장에서 느끼는 무게는 같지 않았습니다.

- 대기업은 풍부한 예산과 인력을 바탕으로, 컨설팅을 받고 새로운 부서를 신설하며 대응할 수 있었습니다.
- 중소기업은 사장이 직접 안전관리자 역할을 겸하는 경우도 많았습니다.

같은 법이지만, 그 법을 감당하는 무게는 기업의 규모에 따라 달랐습니다.

② 대기업 – "하청 관리가 핵심 과제"

한 자동차 대기업은 안전보건관리체계를 도입한 후, 매년 수백억 원의 안전예산을 투입했습니다. 사내 안전보건 부서만 수십 명이었고, 전사적으로 안전문화 캠페인도 벌였습니다.

그러나 그 기업의 안전팀장이 털어놓은 말은 의외였습니다.

"우리 직원은 안전하게 일합니다. 문제는 협력업체예요.
하청업체 근로자들이 우리와 똑같이 안전을 보장받지 못하면,
결국 사고는 그쪽에서 터집니다."

실제로 구의역 사고나 태안화력발전소 사고처럼, 대기업 현장에서 일하는 하청 노동자의 희생은 한국 사회가 반복해서 마주한 문제였습니다.

대기업의 과제는 **'우리 회사만 안전'이 아니라,**
협력업체까지 아우르는 안전망이었습니다.

③ 중소기업 - "의지가 가장 큰 자산"

반면, 한 작은 금속가공업체의 사장은 이런 고민을 털어놓았습니다.

"예산도 부족하고, 안전관리자를 따로 둘 형편도 안 됩니다.
솔직히 법에서 요구하는 체계를 다 갖추는 건 버겁습니다."

그러나 이 회사는 사장의 의지 하나로 달라졌습니다.

- 매주 월요일 아침마다 사장이 직접 현장을 돌며 "오늘 위험한 게 무엇인지" 묻습니다.
- 작은 사고가 생기면 바로 작업을 멈추고 개선책을 찾습니다.
- 비록 전문 인력은 부족하지만, 모든 직원이 '사장과 함께 안전을 챙긴다'는 마음을 가지게 되었습니다.

결국 이 회사는 3년 연속 산재가 한 건도 발생하지 않았습니다.

중소기업의 핵심은 **예산이 아니라, 경영자의 진정성 있는 의지**였습니다.

4 컨설팅 현장에서 본 차이

실제로 중소규모 사업장 컨설팅을 하다 보면, 두 가지 전형적인 모습을 봅니다. 대기업 현장에서는 체계가 잘 갖춰져 있지만, **형식에만 치중**해 실질적인 참여가 부족한 경우가 있습니다. 중소기업 현장에서는 자원은 부족하지만, 사장과 직원이 **몸으로 부딪히며 체계를 생활화**하는 경우가 많습니다.

즉, 안전보건관리체계는 **돈만으로 되는 것도 아니고, 의지만으로 되는 것도 아닙니다.** 두 요소가 균형을 이루어야만 합니다.

⑤ 메시지 – 다른 조건, 같은 목표

대기업과 중소기업은 출발점도, 자원도 다릅니다.

그러나 지향하는 목표는 하나입니다.

"모든 근로자가 안전하게 집으로 돌아가는 것."

- 대기업에게는 하청업체까지 포함한 안전 책임이,
- 중소기업에게는 경영자의 의지와 참여가
  가장 중요한 열쇠가 됩니다.

안전보건관리체계는 기업의 크기와 상관없이,

"사람을 지키겠다"는 공통의 약속 위에서만 제대로 작동할 수 있습니다.

제 11 장 사업주 교육과 현장 적용

1 "교육이 왜 필요한가요?"

경기도의 한 플라스틱 가공업체 대표 김 사장은 교육 참석 통보를 받았을 때 고개를 저었습니다.

"현장에서 일하느라 바쁜데,
책상에 앉아 법 얘기만 들으면 무슨 소용이 있겠나."

그는 교육 첫날 팔짱을 낀 채 무표정하게 강사를 바라보고 있었습니다.
마음속으로는 '이 시간이 그냥 의무일 뿐이겠지'라고 생각했습니다.

2 교육장에서의 깨달음

하지만 교육은 달랐습니다. 단순히 법 조항을 나열하지 않았습니다.

"안전모만 썼어도 살 수 있었습니다."
"2인 1조 원칙만 지켰어도 이 아이는 죽지 않았을 겁니다."

유가족의 증언이 영상으로 흘러나오자, 김 사장은 말없이 고개를 숙였습니다. 그제야 교육이 단순한 의무가 아니라 사람의 생명을 지키는 이야기라는 것을 알게 되었습니다.

이어서 진행된 체크리스트 실습.

- 우리 회사에 안전보건 방침이 있습니까? ☐ 있음 ☑ 없음
- 경영자가 직접 안전 점검에 참여합니까? ☐ 있음 ☑ 없음
- 근로자의 의견을 듣는 제도가 있습니까? ☐ 있음 ☑ 없음

김 사장은 항목마다 '없음'을 체크하며 깨달았습니다.

"내가 몰랐던 게 아니라... 그냥 방치하고 있었던 거구나."

③ 현장에서 시작된 변화

교육을 마친 김 사장은 곧바로 회사를 바꾸기 시작했습니다.

- 매일 아침 5분 안전회의(TBM)를 도입했습니다.
- 낡은 전선을 교체하고, 소화기를 점검했습니다.
- 직원 누구나 의견을 낼 수 있는 안전제안함을 설치했습니다.

처음엔 직원들이 속으로 수군거렸습니다.

"사장님이 보여주기 식으로 하는 거 아냐?"

하지만 달라진 건 사장의 태도였습니다. 작업 중 위험이 보고되면, 김 사장이 직접 달려와 확인하고 즉시 조치했습니다. 직원들은 깜짝 놀랐습니다.

"예전 같으면 그냥 넘어갔을 텐데, 이번엔 바로 바꿔주시네."

작은 변화가 쌓이며 현장은 조금씩 달라지기 시작했습니다.

4 CEO의 고백

6개월 뒤, 김 사장은 이렇게 말했습니다.

"처음엔 불편했어요.
왜 내가 이런 걸까지 신경 써야 하나 싶었죠.
그런데 지금은 다릅니다. 안전이 우리 회사의 경쟁력이 됐습니다.
사고가 줄어드니 생산 차질이 없고,
직원들이 회사를 신뢰하니 이직도 줄었어요.
결국 이게 회사를 지키는 길이더군요."

안전은 법 때문에 억지로 하는 일이 아니라,
회사를 살리고, 사람을 지키는 투자라는 사실을 몸소 느낀 것이었습니다.

⑤ 메시지 - 교육은 변화를 만드는 첫걸음

- 사업주 교육은 단순한 형식이 아닙니다.
- 체크리스트는 거울처럼 회사를 비춰줍니다.
- 사례와 증언은 경종처럼 경영자의 마음을 흔듭니다.

교육 과정은 행동으로 이어지는 출발점이 됩니다.

"처음엔 불편했지만,
지금은 회사의 경쟁력이 됐다."

이 말은 사업주 교육의 가치를 가장 잘 보여주는 증언입니다.

제 12 장 현장의 우수사례에서 배우는 지혜

1 OO화학 – "안전은 약속에서 시작된다"

울산 공장의 아침, 모든 직원들이 현관 앞에 모였습니다. 이날은 '안전서약식'이 있는 날입니다. 임직원 전원이 한 장의 서약서에 이름을 쓰고, CEO가 단상에 올라 선언합니다.

"안전은 우리의 생명이고, 회사의 미래입니다."

뿐만 아니라, 이 회사는 매년 **안전강조주간**을 운영합니다. 일주일 동안 전 직원이 안전 아이디어를 제안하고, 현장을 직접 점검합니다. 작은 약속이 큰 문화를 만들었습니다. 이 회사의 사고율은 3년 연속 0에 가까운 수치를 기록했습니다.

2 OO전자 – "작업중지권을 제도화하다"

현장은 24시간 돌아가는 정밀한 공간입니다. 그런데 이곳에서는 특이한 제도가 있습니다. **작업중지권**입니다.

누구든지 위험하다고 판단하면, 즉시 작업을 멈출 수 있습니다. 설비 엔지니어 한 명이 기계에서 이상음을 들었을 때, 주저하지 않고 버튼을 눌렀습니다. 잠시의 중단은 있었지만, 큰 사고를 막을 수 있었습니다.

OO전자는 더 나아가 **원·하청 공동 안전문화 프로그램**을 운영합니다. 현장에서 함께 일하는 협력업체 직원들이 원청 직원과 같은 교육을 받고, 같은 기준으로 평가받습니다.

"안전은 원청과 하청의 구분이 없습니다.
같은 현장에서 일하는 동료일 뿐입니다."

③ OO 원주공장 – "안전모델라인을 만들다"

자동차 부품을 생산하는 OO 원주공장은 아예 '안전 모델라인'을 만들었습니다. 한 생산라인을 시범 구역으로 정해, 모든 위험요인을 근본적으로 제거하고, 모범적인 안전수칙을 적용했습니다. 직원들은 이곳을 '안전의 쇼룸'이라 불렀습니다. 모델라인은 다른 라인의 개선 기준이 되었고, 전사로 확산되었습니다.

작업자 한 명은 이렇게 말했습니다.

"말로만 안전하자는 게 아니라,
눈으로 보여주니 우리가 따라가기가 훨씬 쉬웠습니다."

④ OO자동차 – "하청 관리, 계약에서부터 달라지다"

OO자동차는 협력업체와의 **도급계약**에 안전 조항을 명시했습니다.

"안전 수준이 일정 기준에 미치지 못하면, 계약을 체결하지 않는다."

과감한 정책이었지만, 효과는 즉각적이었습니다. 협력업체들도 안전투자를 늘릴 수밖에 없었고, 자연스럽게 전체 산업 생태계의 안전 수준이 끌어올려졌습니다.

한 하청업체 대표는 이렇게 말했습니다.

"계약을 따내려면 안전이 필수라는 걸 처음 깨달았습니다.
이제는 우리도 안전에 투자하지 않으면 살아남을 수 없습니다."

메시지

OO화학은 '약속과 문화'로,
OO전자는 '참여와 권한'으로,
OO 원주공장은 '모델과 확산'으로,
OO자동차는 '계약과 구조'로 안전을 지켜냈습니다.
네 가지 사례는 각기 다르지만, 공통된 교훈은 분명합니다.

**안전보건관리체계는 추상적인 규정이 아니라,
조직의 약속·참여·모델·구조 속에서
구체적으로 살아 움직여야 한다는 것.**

제 5 편

향후 발전방향
- 안전보건관리체계구축 관점

제 13 장 안전보건관리체계의 정착과 심화

① 형식적 구축의 한계

중대재해처벌법이 시행된 첫 해, 많은 기업이 분주했습니다.

"혹시라도 사고가 나면 대표가 처벌받는다는데,
빨리 문서부터 준비하자."

그렇게 한 제조업체는 수백 장에 달하는 안전보건 매뉴얼을 급히 만들어 책장에 꽂아두었습니다. 겉으로 보기엔 '체계'가 갖추어진 듯 보였지만, 현장은 달라진 게 없었습니다.

작업자는 여전히 혼자 위험한 작업을 하고 있었고, 안전교육은 이름만 남았습니다. 어느 날, 작은 사고가 발생하자 근로자들은 이렇게 말했습니다.

"서류는 잔뜩 있는데, 정작 우리 일하는 방식은 그대로입니다."

이것이 형식적 구축의 한계였습니다.

② 정착의 의미 – 현장에서 살아 움직이는 체계

반대로 또 다른 중견기업은 작은 것부터 바꿨습니다.
경영자는 매주 한 번 직접 현장을 돌며 근로자들과 대화를 나눴습니다.

"요즘 불편한 건 없습니까? 위험하다고 느낀 건 없나요?"

근로자들은 처음엔 조심스러웠지만, 점차 솔직하게 의견을 냈습니다.

"사장님, 저 기계는 안전덮개가 헐거워서 위험합니다."

바로 다음 날, 덮개는 교체되었고,
그 사실이 다시 근로자들에게 공유되었습니다.

이 과정을 거치며 직원들은 알게 되었습니다.

"아, 우리 회사의 안전보건관리체계는 서류 속이 아니라,
우리 일하는 방식 그 자체구나."

이것이 바로 **정착**입니다.

③ 심화의 의미 – 투자와 문화로 이어지는 체계

정착이 어느 정도 이루어진 후, 이 회사는 한 단계 더 나아갔습니다.

- 위험성평가에서 반복적으로 지적된 설비는 아예 **신형 장비로 교체**했고,
- 아차사고가 보고되면 근본적인 원인을 찾아 **작업절차를 개선**했습니다.

안전교육도 단순히 '법정 시간 채우기'가 아니라,
실제 위험 시뮬레이션을 포함시켰습니다.

근로자 한 명이 말했습니다.

"예전엔 교육이 지루했는데,
지금은 직접 체험하다 보니 진짜 도움이 됩니다."

이 단계에서 안전보건관리체계는 더 이상 '법 때문에 하는 것'이 아니라, 회사가 스스로 투자하고 발전시키는 문화로 자리 잡았습니다. 이것이 바로 심화입니다.

④ 메시지

안전보건관리체계의 미래는 단순한 구축이 아닙니다.

- **정착**은 체계가 종이에만 머무르지 않고,
  현장에서 살아 움직이는 단계이고,
- **심화**는 그것이 투자와 문화로 발전해,
  기업과 근로자의 습관이 되는 단계입니다.

결국 우리가 나아가야 할 길은
"제도화된 체계를 문화로 정착시키는 것"입니다.

그 순간, 안전은 규제가 아니라 **기업의 경쟁력**이 되고,
근로자에게는 **안심하고 일할 수 있는 삶의 토대**가 됩니다.

제 14 장

디지털 전환과 스마트 안전보건관리체계

1 "눈으로 보이지 않는 위험"

한 화학공장에서 일하는 근로자 이 씨는 늘 불안했습니다. 눈으로는 아무 문제없어 보이는 작업장이었지만, 가끔 매캐한 냄새가 감돌곤 했습니다. 관리자는 정기 점검표에 '이상 없음'이라고 적었지만, 불안감은 사라지지 않았습니다.

그러던 어느 날, 회사는 **IoT 센서**를 설치했습니다. 가스, 온도, 압력 데이터를 24시간 자동으로 수집하는 장치였습니다. 며칠 후, 센서가 미세한 가스 누출을 감지해 알람을 울렸습니다. 덕분에 큰 사고로 번지기 전에 조치할 수 있었습니다.

이 씨는 말했습니다.

"그때 알았어요.
안전은 이제 눈이 아니라, 데이터로 지켜야 한다는 걸."

② AI가 위험을 예측하다

대기업 전자부품 공장에서는 AI 프로그램이 근로자의 행동 패턴을 학습하고 있었습니다. 안전모를 쓰지 않고 이동하거나, 지정된 통로가 아닌 지름길로 다니는 패턴을 감지하면 즉시 경고가 뜹니다.

한 번은 한 작업자의 행동 기록에서 반복적으로 '아차사고' 패턴이 발견되었습니다. AI는 이를 경고했고, 관리자는 해당 작업자의 작업환경을 조사했습니다. 그 결과, 작업대 높이가 인체공학적으로 맞지 않아 불편을 주고 있었던 것이 드러났습니다. 높이를 조정하자 사고 위험은 사라졌습니다.

🎯 **AI는 단순히 감시자가 아니라,**
사고를 미리 예측하는 조력자였습니다.

③ 스마트폰이 안전을 연결하다

예전에는 위험을 발견해도 보고하기가 번거로웠습니다. 하지만 이제는 스마트폰 앱 하나로 해결됩니다. 어느 중소기업에서는 근로자가 현장에서 위험한 상황을 찍어 앱에 올리면, 관리자가 즉시 알림을 받고 피드백을 줍니다.

"사진 확인했습니다.
오늘 중으로 가드레일 설치하겠습니다."

보고와 피드백이 실시간으로 이루어지니, 근로자들은 "내 목소리가 바로 반영된다"는 신뢰를 느꼈습니다.

4 경영진의 눈앞에 펼쳐지는 안전

한 대기업의 회의실. 대형 화면에 디지털 대시보드가 띄워집니다.

- 현재 가동 중인 설비 수
- 오늘 보고된 아차사고 건수
- 각 부서별 안전점검 진행률
- 지난 3개월간 재해율 추세

CEO는 보고서를 기다릴 필요가 없습니다. 한눈에 회사의 안전보건 상태를 확인할 수 있습니다. 그는 말했습니다.

"이제 안전은 보고가 아니라,
실시간으로 확인하는 경영 지표가 됐다."

⑤ 메시지 – 디지털 안전보건관리체계

4차 산업혁명 시대, 안전보건관리체계는 더 이상 종이 문서나 회의실 보고서에 머물 수 없습니다.

- **IoT 센서**는 보이지 않는 위험을 잡아내고,
- **AI 분석**은 사고의 조짐을 미리 알려주며,
- **스마트폰 앱**은 현장의 목소리를 즉시 반영하고,
- **디지털 대시보드**는 경영진의 결정을 뒷받침합니다.

안전보건관리체계는 이제 데이터 기반의
"디지털 OSHMS"로 진화해야 합니다.

이것이 미래의 방향이며,
사고를 줄이고 생명을 지키는 새로운 방법입니다.

제 15 장 중소 · 영세 사업장을 위한 현실적 체계

① "50인 미만 사업장의 현실"

경기도 외곽의 한 금속가공업체. 직원은 20명 남짓, 안전관리 전담자는 따로 없습니다. 현장에서 가장 오래 일한 반장이 사실상 안전 담당자 역할을 맡고 있습니다.

사장은 솔직히 말합니다.

"안전이 중요하다는 건 알지만,
현실은 늘 돈과 시간이 문제입니다.
우리는 공장 돌아가는 것만으로도 벅차요."

통계가 이를 뒷받침합니다. 산업재해의 절반 이상이 여전히 50인 미만 사업장에서 발생하고 있습니다. 자원이 부족하다 보니 안전보건관리체계는 늘 뒷전으로 밀리는 경우가 많습니다.

② 간소화된 표준모델 – "10가지만 지켜도 절반은 예방된다"

하지만 모든 것을 대기업처럼 할 필요는 없습니다. 중소·영세 사업장에는 **간소화된 표준모델**이 필요합니다. 예컨대 "10가지 필수 요소"만 지켜도 절반 이상의 사고는 예방할 수 있습니다.

- 매일 아침 5분 안전회의
- 안전보호구 착용 확인
- 비상구 확보
- 소화기 점검
- 위험기계 점검 …

이처럼 꼭 필요한 핵심만 정리된 매뉴얼은 현장에서 곧바로 활용할 수 있습니다.

③ 정부 지원 컨설팅 – "무료로, 현장 맞춤형으로"

안전공단과 지자체가 제공하는 무료 컨설팅은 중소기업에 큰 도움이 됩니다. 실제로 한 영세 식품제조업체는 무료 점검을 통해 전기배선의 심각한 결함을 발견했습니다. 사장은 말했습니다.

"그냥 쓰던 거라 괜찮을 줄 알았는데,
전문가가 보니 큰 위험이었더군요. 덕분에 사고를 막았습니다."

무료 교육, 표준 매뉴얼 보급은 작은 기업일수록 꼭 필요한 안전망입니다.

④ 민간·공공 협력 – "함께 해야 산다"

또한 **협력 모델**이 중요합니다. 산업협회, 지자체, 안전공단이 힘을 합쳐야 합니다. 예를 들어, 같은 산업단지 내 업체들이 공동 안전교육을 받고, 서로의 현장을 교차 점검하는 방식입니다.

"우리가 놓친 위험을 이웃 회사가 알려줬습니다."

이런 협력은 적은 비용으로 큰 효과를 냅니다.

⑤ 스마트 솔루션 – "작지만 똑똑한 안전"

마지막으로 스마트 솔루션이 있습니다. 대기업처럼 수십억 원을 들일 필요는 없습니다. 저비용 IoT 기기를 활용하면, 소규모 사업장도 실시간 안전관리가 가능합니다.

예컨대 10만 원대 가스센서 하나로도 화재와 폭발을 막을 수 있습니다.

"작은 투자지만, 우리에게는 생명을 지키는 장치"라는 말처럼,
스마트 안전장비의 보급은 소규모 사업장 안전관리의 미래입니다.

⑥ 메시지

안전보건관리체계는 대기업의 전유물이 아닙니다.

중소·영세 사업장도 "규모에 맞는 체계"를 갖출 수 있어야 합니다.

- 핵심 10가지 표준모델
- 정부의 무료 지원
- 민간·공공 협력
- 스마트 솔루션 보급

중소·영세 사업장 "10가지 표준모델"

1. 경영자 안전방침 공표
   - CEO가 직접 서명한 안전보건 방침을 사업장 내 게시.
   - "안전이 최우선"임을 선언.
2. 안전보건 전담자 지정
   - 전임이 어렵다면 최소 관리감독자를 안전책임자로 지정.
3. 매일 5분 안전회의(TBM)
   - 작업 전 위험요인 공유, 보호구 착용 확인.
4. 위험성평가(간소형)
   - 분기 1회, 주요 설비·작업별로 위험요인 확인 및 개선 조치.

5. 개인보호구 관리

- 안전모, 안전화, 장갑 등 지급 및 착용 점검.

6. 기계·설비 안전조치

- 덮개, 비상정지 스위치, 전기배선 등 기본 안전장치 확인.

7. 화재·폭발 대비

- 소화기 비치·점검, 비상구 확보, 가스·전기 관리.

8. 도급·용역 협력업체 관리

- 하청 노동자에게도 동일한 안전교육과 보호구 지급.

9. 사고·아차사고 기록

- 발생 시 즉시 보고·기록, 재발방지 조치.

10. 비상조치계획

- 화재·사고 발생 시 대피훈련 연 1회 이상 실시.

제 16 장 KOSHA-MS·ISO 45001과의 통합적 발전

① "제도가 세 갈래로 나뉘어 있다"

한 자동차 부품사 안전팀장은 늘 고민이 많았습니다.
"우리는 법에서 요구하는 안전보건관리체계도 갖춰야 하고,
국내 거래처는 KOSHA-MS 인증을 원하고,
해외 바이어는 ISO 45001 인증을 요구합니다.
같은 걸 세 번 준비하는 기분이에요."

현장에서는 분명히 같은 안전 활동을 하는데, 문서와 평가 방식은 달라 중복 업무가 쌓였습니다. 직원들은 "안전을 위한 시간이 아니라, 인증을 위한 서류 작업에 시간을 쓰는 것 같다"고 푸념했습니다.

② 세 가지 제도의 본질

안전보건관리체계(법적 의무)
: "중대재해처벌법을 지키기 위한 최소 기준"
→ 법 위반 시 처벌을 피하기 위한 안전망.

- KOSHA-MS(국내 인증)
  : "한국 산업 현실에 맞춘 관리체계"
  → 실무 중심, 실행력을 강조.
- ISO 45001(국제 인증)
  : "글로벌 신뢰를 위한 표준"
  → 해외 발주처나 다국적 기업과 거래할 때 필수.

즉, 목적은 다르지만 내용은 크게 다르지 않습니다. 모두 리더십, 위험성 평가, 근로자 참여, 지속개선을 강조합니다.

③ 통합 운영의 필요성

앞서의 기업은 결국 전략을 바꿨습니다.

- 법에서 요구하는 안전보건관리체계를 뼈대로 삼고,
- KOSHA-MS 기준을 반영해 현장 실행 매뉴얼을 정리하고,
- ISO 45001 요구사항을 함께 맞춰 문서 체계를 보완했습니다.

결과적으로 한 번의 점검과 한 세트의 문서로 세 가지 요구를 동시에 충족할 수 있게 되었습니다.

안전팀장은 이렇게 말했습니다.

"예전엔 세 갈래 길을 따로 걸어야 하는 줄 알았는데,
알고 보니 같은 길이었습니다.
이제는 인증이 목적이 아니라,
안전이 목적이라는 걸 명확히 알게 됐습니다."

④ 향후 발전방향 – 상호 연계와 통합

앞으로는 제도 자체가 상호 연계될 필요가 있습니다.

- KOSHA-MS 심사가 ISO 45001과 호환되도록 제도 설계.
- 안전보건관리체계 점검 항목이 KOSHA-MS·ISO 인증 심사와 동시에 충족되도록 정리.
- 기업 입장에서는 "한 번의 준비, 세 가지 충족"이 가능한 시스템 구축.

이렇게 된다면 기업은 불필요한 행정 부담에서 벗어나, 진짜 중요한 현장 안전 강화에 집중할 수 있을 것입니다.

5 메시지

안전보건관리체계, KOSHA-MS, ISO 45001은 각기 다른 길이 아니라, 같은 목적지로 향하는 세 개의 길입니다.

- 법적 준수 (관리체계)
- 실행력 강화 (KOSHA-MS)
- 국제 경쟁력 확보 (ISO 45001)

앞으로의 과제는
이 길들을 하나의 통합 루트로 잇는 것입니다.

그 순간, 기업은 "서류와 인증"에서 벗어나,
진정한 사람 중심의 안전문화에 더 집중할 수 있습니다.

제 17 장 지속가능경영과 ESG경영 속의 안전보건관리체계

① "ESG가 뭐길래?"

중소기업 대표 박 사장은 최근 거래처에서 이런 요구를 받았습니다.

"대표님, 납품하려면 ESG 경영 보고서를 제출해 주셔야 합니다."

처음엔 난감했습니다. "ESG라니, 또 새로운 인증인가?" 하고 고개를 갸웃했지만, 설명을 듣고 나니 알 것 같았습니다.

- E (Environment) : 환경을 지키고,
- S (Social) : 사람을 존중하며,
- G (Governance) : 투명한 경영을 하라는 의미였습니다.

그리고 그 중심에 다름 아닌 안전보건이 있었습니다.

② E (Environment) – 환경과 안전은 연결되어 있다

한 화학회사의 사례를 보겠습니다. 이 회사는 공정에서 나오는 폐기물과 화학물질을 줄이기 위해 친환경 설비를 도입했습니다. 처음엔 '환경 규제 대응'이 목적이었지만, 곧 깨달았습니다.

"폐기물이 줄어드니, 근로자들이 노출될 위험도 줄어드는구나."

환경(E)은 곧 안전(S)과 맞닿아 있었습니다.

③ S (Social) – 근로자의 안전과 건강권 보장

OO전자는 **작업중지권**을 제도화했습니다. 근로자가 위험을 느끼면 언제든 작업을 멈출 수 있는 권리입니다. 이는 단순히 법적 요구를 넘어서, **근로자를 존중하는 사회적 가치**로 이어졌습니다. "이 회사는 내 안전을 존중한다"는 신뢰가 직원들의 자부심과 몰입으로 바뀌었습니다. 즉, 안전보건관리체계는 ESG의 S축, **사회적 책임을 실현하는 가장 직접적 도구**입니다.

④ G (Governance) – 안전을 이사회 안건으로

예전에는 안전 문제가 현장 소장의 몫으로만 여겨졌습니다. 하지만 최근에는 다릅니다. 몇몇 선진 기업은 분기마다 열리는 **이사회**에서 안전보건 현황을 보고받습니다. 경영진이 직접 KPI로 안전을 챙기고, 성과와 연동된 보상 체계까지 마련합니다.

한 이사회 의장은 이렇게 말했습니다.

"재무제표를 보는 것만큼 중요한 것이 안전보고서입니다.
회사의 지속가능성은 숫자보다 '사람을 지키는 힘'에 달려 있습니다."

5 메시지

안전보건관리체계는 이제 단순히 법을 피하기 위한 장치가 아닙니다.

- 환경(E)을 지키면 곧 안전을 지키는 것이고,
- 사회(S)의 핵심은 근로자의 생명과 건강을 보장하는 것이며,
- 지배구조(G) 속에서 안전은
  더 이상 부차적 항목이 아니라 핵심 의제입니다.

결국, 안전보건관리체계는
ESG 경영의 S축을 실현하는 실질적 수단이자,
기업의 사회적 책임(CSR)을 증명하는
가장 구체적인 지표입니다.

제 18 장 미래 비전 - 사람 중심의 안전보건관리체계

1 기술의 목적은 사람을 지키는 것

어느 자동차 공장에 로봇 팔이 도입되던 날, 직원들은 긴장했습니다.

"저 로봇이 우리의 일자리를 빼앗는 건 아닐까?"

하지만 몇 달 후, 그들의 생각은 달라졌습니다. 로봇은 위험한 고온 용접 작업을 대신했고, 근로자들은 보다 안전한 곳에서 제어와 관리 업무를 맡았습니다.

"처음엔 두려웠지만, 지금은 알겠습니다.
기술은 우리를 대체하는 게 아니라,
위험에서 지켜주는 거였다는 걸."

기술은 결국 사람을 보호하기 위해 존재합니다.

② 제도의 목적은 사람을 지키는 것

한 건설현장에서 일하던 김 씨는 10년 전만 해도 '위험하면 알아서 조심하라'는 말을 귀에 못이 박히도록 들었습니다. 하지만 지금은 달라졌습니다. 중대재해처벌법이 시행되면서, 경영자와 관리자의 책임이 강화되었기 때문입니다.

현장에 안전펜스가 세워지고, 안전모 착용이 철저히 관리되자, 그는 이렇게 말했습니다.

"예전에는 다 내 책임인 줄 알았는데,
이제는 회사도 책임을 같이 진다는 게 느껴집니다.
그게 큰 차이입니다."

제도는 단순히 법적 틀을 만드는 게 아니라,
사람을 지키는 장치입니다.

③ 문화의 목적은 사람을 존중하는 것

안전교육장에서 한 강사가 이렇게 말했습니다.

"안전은 절대 명령이 아니라, 서로를 존중하는 약속입니다."

실제로 한 중소기업에서는 **안전제안함**을 만들어 직원들이 자유롭게 의견을 낼 수 있도록 했습니다. 처음엔 몇 장 안 들어오던 제안서가 점점 늘어나더니, 나중에는 매달 20~30건이 접수되었습니다.

근로자들은 말했습니다.

"내 의견이 존중받고, 실제로 현장에 반영된다는 게 참 고맙습니다."

> 문화는 곧 사람을 존중하는 방식으로 자리 잡아야 합니다.

4 메시지 – 사람 중심의 일터 철학

앞으로의 안전보건관리체계는 단순히 **재해를 줄이는 도구**에 머물러서는 안 됩니다.

- 기술은 위험을 대신해 사람을 보호하고,
- 제도는 책임을 분명히 해 사람을 지키며,
- 문화는 존중을 기반으로 사람을 하나로 묶습니다.

즉, 안전보건관리체계의 궁극적인 비전은
"사람 중심의 일터 철학"입니다.

그 철학이 뿌리내린 현장은, 단순히 사고가 적은 일터가 아니라,
근로자들이 안심하고 웃으며 일할 수 있는 곳이 될 것입니다.

별 첨

1 최근 중대재해처벌법 판례 분석

2 안전보건관리체계구축을 위한 실행전략

3 안전보건관리체계 구축을 위한 양식

4 참고문헌

별첨 - 1 중대재해처벌법 최근 판례 동향 분석

중대재해처벌법(이하 '중처법')이 도입된 지 약 3년이 지났습니다. 여러 산업현장에서 사고가 발생할 때마다 기업과 CEO의 책임이 집중 논의되었습니다. 별첨에서는 최근 주요 판례 흐름과 실무적 시사점을 점검하고 앞으로의 대응 전략을 제시합니다.

I. 판례 동향 개요

2024년 말 기준으로 약 31건의 판결이 1심에서 이루어졌으며, 대부분 유죄가 선고되었습니다. **판단 기준은 '안전보건관리체계 구축 여부', '경영자의 의무 이행 수준', '2단계 인과관계' 등이 핵심**입니다.

II. 주요 사례 분석

1. 유죄 사례 중심 교훈

의정부지방법원 고양지원의 1호 판결(2023. 4. 6.)에서는 경영자의 안전보건관리체계 미구축이 중처법 위반의 핵심이었습니다. 유해·위험 요인의 관리절차 미비를 문제삼아 징역형이 선고되었습니다. 이 판결은 "2단계 인과관계 법리" 적용 가능성을 확인해준 대표적인 사례입니다.

다른 사건들—방열판 낙하(2호), 동바리 전도(3호), 굴착기 협착(4호), 철근 낙하(5호) 등—에서도 유사한 이유로 유죄판결이 이어졌습니다. 모두 '위험요인 파악 및 절차 미구축'이 주요한 판단 근거였습니다.

2. 실형 선고 사례 : 중처법 적용 강화

2023~2024년 중에는 대표이사에게 실형이 선고된 사례도 일부 발생했습니다. 4건 정도의 실형을 통해, 법원이 책임의 실질성을 매우 강화해 해석하고 있음을 보여줍니다

3. 무죄 및 불기소 판단 사례

무죄 및 불기소 판결도 일부 확인됩니다.

예: 사출기 내 설비 사고, 택배터미널 전도 사고, 배관 공사 감전 사고 등에서, 검찰 또는 법원은 "산업안전법상 의무 위반이 없어 중처법 위반도 인정할 수 없다"고 판단했습니다. 이는 안전조치 의무와 사고 인과관계가 명확할 때만 중처법 위반이 인정된다는 법리에 따라 판단된 결과입니다.

III. 종합 시사점

항목	시사점
안전관리체계 구축 여부	구축 여부가 책임의 핵심 기준으로 작용
2단계 인과관계 법리	사고와 대표적 위반 사항의 연결성을 강화 검토
실형 가능성 증가	경영자 책임의 형사적 해석이 강화됨
무죄·불기소 사례 존재	일부 경우, 기준과 절차 준수 여부가 판단 요소
판결 경향	"유죄 우위, 예외적 무죄" 구조 유지

IV. 대응 전략 및 향후 과제

1. 안전보건관리체계 구축 실사례 중심의 체계화
   - 서류가 아닌 실질적 실행 증빙으로 대응 가능해야 함.
2. 위험요인 파악과 평가 절차 강화
   - 주기적인 점검, 기록, 개선 활동이 핵심.
3. 경영자 책임 실천 중심의 안전문화 정착
   - 경영층의 적극 참여가 법리적으로 중요한 방어 논리가 될 수 있음.
4. 표준화된 관리체계 도입
   - KOSHA-MS, ISO 45001 기반의 시스템은 형사 책임 틀 방지 수단으로 검증되고 있음
5. 판례 지속 모니터링 및 사내 교육 강화
   - 조직 전체가 최신 판결 기준 및 실무 대응사항을 공유해야 함.

V. 결론

최근의 판례 흐름은 중처법의 엄격한 적용을 보여주며, 책임의 모호함을 법원이 점차 좁혀가고 있음을 시사합니다. 특히 "안전보건관리체계 구축" 자체가 형사적 책임의 핵심 기준으로 자리 잡는 경향입니다.

별첨에서 소개된 사례와 분석은 실무 대응 및 조직 내 안전 시스템 구축에 반드시 참고되어야 할 내용입니다.

중대재해처벌법 판결분석 및 시사점

1. 1호 판결 (의정부지방법원 고양지원 2023.4.6. 선고 2022고단3254)

· 일시/장소 : 2022. 5. 14. / 경기 고양시 병원 건물 5층

· 사고 내용 : 고정앵글을 운반하던 작업자가 고정앵글이 슬링 벨트에서 이탈해 바닥으로 떨어지자 그 반동으로 함께 16.5m 아래 바닥으로 떨어져 추락사 (1명 사망)

· 판결 결과 : 2023. 4. 6. 제1심 선고 (확정)

- 중대재해처벌법 위반 : 원청 대표 징역 1년 6월 (집행유예 3년), 원청 벌금 3천만 원
- 산업안전보건법 및 형법(업무상과실치사) 위반 : 하청업체 현장소장 징역 9월 (집행유예 2년), 하청업체 벌금 1,000만 원

· 중대재해처벌법 위반사항

- 사업 또는 사업장의 특성에 따른 유해 · 위험 요인을 확인하여 개선하는 업무절차를 마련하지 않음 (시행령 제4조 제3호).
- 안전보건관리책임자, 관리감독자 및 안전보건총괄책임자가 업무를 각 사업장에서 충실히 수행할 수 있도록 안전보건관리책임자 등이 해당 업무를 충실하게 수행하는지를 평가하는 기준을 마련하지않음 (시행령 제4조 제5호).
- 사업 또는 사업장에 중대산업재해가 발생하거나 발생할 급박한 위험이 있을 경우를 대비하여 작업중지, 근로자 대피, 위험요인 제거 등 대응 조치에 관한 매뉴얼을 마련하지 않음 (시행령 제4조 제8호).

시 사 점

- 원청 대표가 중대재해처벌법 및 동법 시행령상 명시된 법률상 의무사항들을 다하지 않아 중대재해처벌법 위반으로 유죄판결을 받은 첫 번째 사례로서 법인의 대표는 중대재해처벌법 및 그 시행령상 명시된 안전보건관리체계의 구축 및 이행에 관한 조치들을 다하는 것이 중요함을 보여줌.

- 중대재해처벌법은 경영책임자에게 총15개 분야의 안전보건 관리체계 구축 의무를 부여하고 있고 일단 중대재해가 발생하면 사고와 일견 직접 관련성이 멀어보이는 중대재해처벌법상 안전보건관리체계 구축의무 위반이 발견될 경우 이로 인하여 산업안전보건법상 안전보건조치를 취하지 아니하였고, 그로 인하여 중대재해 사고가 발생하였다는 2단계 인과관계를 토대로 중대재해처벌법위반죄로 기소되고 있음.

- 현재까지 중대재해처벌법 적용대상이 아니라는 형식적 이유로 무죄판결을 한 1건의 판결 외에는 중대재해처벌법위반으로 기소되어 무죄가 나온 사례가 없다는 점에서 기본적인 안전보건관리체계가 구축되지 않은 법인의 경우 중대재해가 발생하면 법인의 대표자에게 책임을 물어 중대재해처벌법위반죄로 처벌될 가능성이 높아짐을 알 수 있음.

- 따라서 중대재해사고를 예방하고 형사처벌 위험을 배제하거나 현격히 줄이기 위해서는 ① 중대재해처벌법을 대비한 안전보건관리체계

가 구축되지 않은 법인의 경우 시급히 안전보건 관리체계를 구축하여야 하며 ② 이미 안전보건관리체계가 구축되어 있는 법인의 경우에도 안전보건 관리체계에 구멍은 없는지 점검하고, 지속적인 관리를 통해 구축된 안전보건 관리체계가 실질적으로 기능하고 있는지 점검하여야 함.

2. 2호 판결 (창원지방법원 마산지원 2023.4.26. 선고 2022고합95)

- 일시/장소 : 2022. 3. 16. / 경상남도 함안군 야외작업장

- 사고 내용 : 크레인 작업 중 방열판 낙하로 방열판에 다리 깔려 사망 (1명 사망)

- 판결 결과 : (23. 4. 26. 제1심 선고, 23. 8. 23. 제2심 항소기각, 23. 12. 28. 제3심 상고기각 대법원 2023. 12. 28. 선고 2023도12316 상고기각 판결로 확정)

 - 중대재해처벌법 위반 : 원청 대표 징역 1년, 원청 벌금 3천만 원
 - 산업안전보건법 및 형법(업무상과실치사) 위반 : 하청업체 현장소장 징역 6월(집행유예 2년)

- 중대재해처벌법 위반사항

 - 안전보건관리책임자 등이 해당 업무를 충실하게 수행하는지를 평가하는 기준을 마련하여 그 기준에 따라 안전보건관리책임자등을 반기 1회 이상 평가 · 관리할 의무 위반(시행령 제4조 제5호).
 - 제3자에게 업무의 도급, 용역, 위탁 등을 하는 경우에는 종사자의 안전 · 보건을 확보하기 위해 도급, 용역, 위탁 등을 받는 자의 산업재해 예방을 위한 조치 능력과 기술에 관한 평가기준 · 절차에 관한 기준을 마련한 뒤 그 기준과 절차에 따라 도급이 이루어지는지를 반기 1회 이상 점검할 의무 위반(시행령 제4조 제9호).

시 사 점

- 원청 대표가 중대재해처벌법 및 동법 시행령상 명시된 법률상 의무사항들을 다하지 않았을뿐더러, 이전에도 여러번 산업안전보건법위반죄로 처벌받은 전력이 있어 중대재해처벌법위반으로 실형을 선고받은 첫 사례임.

- 사망사고의 위험성이 높아 사망사고가 자주 발생한 전력이 있는 사업장의 경우 중대재해가 발생시 실형선고의 위험이 높으므로 중대재해처벌법상 안전보건관리체계를 반드시 구축해야 된다는 것을 보여줌.

- 중대재해처벌법위반(산업재해치사)죄, 산업안전보건법위반죄, 업무상과실치사죄는 상호간 형법 제40조의 상상적 경합관계에 있다고 판시한 첫 번째 하급심 사례임.

3. 3호 판결 (인천지방법원 2023.6.23. 선고 2023고단651)

- 일시/장소 : 2022. 3. 16. / 인천 남동구
- 사고 내용 : 지하 1층 테라스 작업현장에서 피해자가 거푸집 동바리 높이를 낮추기 위해 파이프 길이 조정 나사를 돌리던 중 거푸집이 전도되어 거푸집의 하중을 지지하던 동바리가 튕겨나와 피해자를 강타하고, 피해자가 넘어지면서 머리를 부딪혀 사망
- 판결 결과 : 2023. 6. 23. 제1심 판결 선고, 2024. 8. 21. 제2심 검사 항소 기각
  - 중대재해처벌법 위반: 원청 대표 징역 1년 (집행유예 3년), 원청 벌금 5천만 원
  - 산업안전보건법 및 형법 (업무상과실치사) 위반: 하청업체 대표 징역 6월 (집행유예 2년), 하청업체 벌금 700만 원
- 중대재해처벌법 위반사항
  - 사업 또는 사업장의 안전 · 보건에 관한 목표와 경영방침을 설정하지 않음 (시행령 제4조 1호).
  - 사업 또는 사업장의 특성에 따른 유해 · 위험요인을 확인하여 개선하는 업무절차를 마련하고, 해당 업무절차에 따라 유해 · 위험요인의 확인 및 개선이 이루어지는지를 반기 1회 이상 점검한 후 필요한 조치를 하지 않음 (시행령 제4조 3호).
  - 유해 · 위험요인을 확인하여 개선하는 데 필요한 예산을 편성하고 그 편성된 용도에 맞게 집행하지 않음 (시행령 제4조 제4호 나목).
  - 안전보건관리책임자등에게 해당 업무 수행에 필요한 권한과 예산을 주고, 안전보건관리책임자등이 해당 업무를 충실하게 수행하는지를 평가하는 기준을 마련하고, 그 기준에 따라 반기 1회 이상 평가 · 관

리하지 않음 (시행령 제4조 5호).

- 사업 또는 사업장의 안전 · 보건에 관한 사항에 대해 종사자의 의견을 듣는 절차를 마련하고, 그 절차에 따라 의견을 들어 재해 예방에 필요하다고 인정하는 경우에는 그에 대한 개선방안을 마련하여 이행하는지를 반기 1회 이상 점검한 후 필요한 조치를 하지 않음 (시행령 제4조 7호).
- 사업 또는 사업장에 중대산업재해가 발생하거나 발생할 급박한 위험이 있을 경우를 대비하여 다음 각 목의 조치에 관한 매뉴얼을 마련하고, 해당 매뉴얼에 따라 조치하는지를 반기 1회 이상 점검하지 않음 (시행령 제4조 8호).

시 사 점

- 제1호 판결 (의정부지방법원 고양지원 2023. 4. 6. 선고 2022고단3254) 이후 일단 중대재해가 발생하면 사고와 일견 직접 관련성이 멀어보이는 중대재해처벌법상 안전보건관리체계 구축의무 위반이 발견될 경우에도 이로 인하여 산업안전보건법상 안전보건조치를 취하지 아니하였고, 그로 인하여 중대재해 사고가 발생하였다는 2단계 인과관계를 토대로 중대재해처벌법위반죄로 기소되고 유죄가 선고될 가능성이 높다는 흐름을 다시 한번 확인해준 사례임.

- 피해자가 외국인이므로, 최근 건설현장에서 외국인 근로자 증가추세에서 외국인 근로자에 대한 안전조치 및 안전교육의 강화도 필요함을 보여줌.

4. 4호 판결 (창원지방법원 마산지원 2023.8.25. 선고 2023고합8)

• 일시/장소 : 2022. 5. 19. / 경남 함안군

• 사고 내용 : 굴착기 후방통로를 통해 작업장으로 이동하던 피해자의 머리가 회전하는 굴착기의 후면과 담장 사이에 협착되어 사망

• 판결 결과 : 2023. 8. 25. 제1심 판결 선고

- 중대재해처벌법 위반: 원청 대표 징역 1년 (집행유예 2년), 원청 벌금 5천만 원
- 산업안전보건법 및 형법 (업무상과실치사) 위반: 하청업체 대표 징역 10월 (집행유예 2년), 하청업체 벌금 1천만 원

• 중대재해처벌법 위반사항

- 사업 또는 사업장의 안전 · 보건에 관한 목표와 경영방침을 설정하지 않음 (시행령 제4조 1호).
- 사업 또는 사업장의 특성에 따른 유해 · 위험요인을 확인하여 개선하는 업무절차를 마련하고, 해당 업무절차에 따라 유해 · 위험요인의 확인 및 개선이 이루어지는지를 반기 1회 이상 점검한 후 필요한 조치를 하지 않음 (시행령 제4조 3호).
- 재해 예방을 위해 필요한 안전 보건에 관한 인력, 시설, 방비를 구비하는데 필요한 예산을 편성하고 그 편성된 용도에 맞게 집행하지 않음 (시행령 제4조 제4호 가목).
- 안전보건관리책임자등이 해당 업무를 충실하게 수행하는지를 평가하는 기준을 마련하고, 그 기준에 따라 반기 1회 이상 평가 · 관리하지 않음 (시행령 제4조 5호).
- 사업 또는 사업장에 중대산업재해가 발생하거나 발생할 급박한 위험이 있을 경우를 대비하여 다음 각 목의 조치에 관한 매뉴얼을 마련하

고, 해당 매뉴얼에 따라 조치하는지를 반기 1회 이상 점검하지 않음 (시행령 제4조 8호).

시 사 점

- 중대재해처벌법상 의무위반과 근로자 사망 사이에 경영책임자등이 중처법상 안전보건관리체계를 구축하지 않아서 안전보건관리책임자등이 산업안전보건법에 따른 안전보건조치를 취하지 않았고, 그로 인해 사망사고가 발생했다는 이중의 인과관계 법리를 제시함.

- 사업주 또는 경영책임자등에게 중처법 및 같은법 시행령상 요구하는 1) 안전보건 확보의무가 취해지지 않은 채 사업이 이루어지고 있다는 사실을 알면서 이를 방치한다는 인식 과 2) 중대산업재해 발생에 관한 예견가능성이 있었을 것을 요함.

- 중대재해처벌법이 제정된지 4년이 경과하였으므로 이 판결에 따르면 경영책임자등이 안전보건관리체계를 구축해놓지 않았다면 중대재해처벌법위반죄 처벌을 피할 수 없으므로 안전보건관리체계가 구축되지 않은 법인은 물론 이미 구축한 법인 또한 법무법인(유한) 대륙아주의 중대재해처벌법 준수 인증제(SCC)를 통해 꾸준한 점검과 관리로 안전보건관리체계를 실질적으로 운영해나갈 필요가 있음.

5. 5호 판결 (의정부지방법원 고양지원 2023.10.6. 선고 2022고단3255)

- 일시/장소 : 2022. 3. 9. / 고양시 덕양구

- 사고 내용 : 피해자가 건설사업장 지하 2층 바닥에 철근설치 작업을 하던 중 이동식 크레인으로 운반되던 U자형 철근이 슬링벨트에서 풀려 피해자의 머리에 부딪혀 피해자 사망.

- 판결 결과 : 2023. 10. 6. 제1심 판결 선고
  - 중대재해처벌법 위반: 원청 대표 징역 1년 6월 (집행유예 3년), 원청 벌금 2천만 원
  - 산업안전보건법 및 형법 (업무상과실치사) 위반: 하청업체 관리감독자 금고 2년 (집행유예 2년), 하청업체 벌금 1,500만 원

- 중대재해처벌법 위반사항
  - 경영책임자는 법인 또는 기관이 실질적으로 지배 · 운영 · 관리하는 사업 또는 사업장에서 제3자에게 도급 등을 행한 경우 그 제3자의 종사자의 안전 · 보건상 유해 또는 위험을 방지하기 위하여 그 사업 또는 사업장의 특성 및 규모 등을 고려하여 재해예방에 필요한 인력 및 예산 등 안전보건관리체계의 구축 및 그 이행에 관한 조치를 취하여야 하는데, 사업 또는 사업장의 특성에 따른 유해·위험 요인을 확인하여 개선하는 업무절차를 마련하지 않음 (시행령 제4조 3호).
  - 안전보건관리책임자, 관리감독자 및 안전보건총괄책임자가 업무를 각 사업장에서 충실히 수행할 수 있도록 안전보건관리책임자 등이 해당 업무를 충실하게 수행하는지를 평가하는 기준을 마련하여야 하지 않음 (시행령 제4조 5호 나목).
  - 제3자에게 업무의 도급 등을 하는 경우에는 종사자의 안전 · 보건을 확보하기 위하여 도급받는 자의 산업재해 예방을 위한 조치 능력과

기술에 관한 평가 기준 및 절차를 마련하지 않음 (시행령 제4조 9호).

시 사 점

- 피고인이 안전보건경영시스템 관련 컨설팅을 받았으며 중대재해처벌법상 안전보건관리체계 구축을 했다고 주장했으나, 법원은 단순히 형식적으로 의무를 이행했거나, 의무를 이행한다는 규정만 있고 실질적으로 의무이행이 되지 않아 의무위반이 있다고 판단하였음.

- 위 판결에 의하면 형식적으로 중대재해처벌법상 의무를 이행한 외관만 형성한 것으로는 실질적 의무이행이 없다고 보아 중대재해 발생 시 중대재해처벌법위반죄가 인정된 만큼 현재 非법률가들에 의해 실행되고 있는 소위 안전보건컨설팅으로는 형사처벌 위험을 배제할 수 없음을 보여줌.

6. 6호 판결 (서울북부지방법원 2023.6.14. 선고 2023고단2537)

- 일시/장소 : 2022. 4. 15. / 서울 동대문구

- 사고 내용 : 안전모를 착용하지 않은 피해자가 아파트 관련 보수 공사 중 천장 누수 확인을 위해 사다리를 타고 1.5m 가량 올라갔다가 내려오던 중 불상의 이유로 떨어져 바닥에 머리를 부딪혀 사망.

- 판결 결과 : 2023. 10. 12. 제1심 선고, 2024. 4. 25. 항소기각(확정)
  - 중대재해처벌법 위반: 원청 대표 징역 1년 (집행유예 3년), 원청 벌금 2천만 원
  - 산업안전보건법 및 형법 (업무상과실치사) 위반: 하청업체 관리감독자 금고 2년 (집행유예 2년), 하청업체 벌금 1,500만 원

- 중대재해처벌법 위반사항
  - 사업 또는 사업장의 안전 · 보건에 관한 목표와 경영방침을 설정하지 않음 (시행령 제4조 1호).
  - 사업 또는 사업장의 특성에 따른 유해 · 위험요인을 확인하여 개선하는 업무절차를 마련하고, 해당 업무절차에 따라 유해 · 위험요인의 확인 및 개선이 이루어지는지를 반기 1회 이상 점검한 후 필요한 조치를 하지 않음 (시행령 제4조 3호).
  - 재해 예방을 위해 필요한 안전 보건에 관한 인력, 시설, 방비를 구비하는데 필요한 예산을 편성하고 그 편성된 용도에 맞게 집행하지 않음 (시행령 제4조 제4호 가목).
  - 안전보건관리책임자등이 해당 업무를 충실하게 수행하는지를 평가하는 기준을 마련하고, 그 기준에 따라 반기 1회 이상 평가 · 관리하지 않음 (시행령 제4조 5호).
  - 사업 또는 사업장의 안전 · 보건에 관한 사항에 대해 종사자의 의견

을 듣는 절차를 마련하고, 그 절차에 따라 의견을 들어 재해 예방에 필요하다고 인정하는 경우에는 그에 대한 개선방안을 마련하여 이행하는지를 반기 1회 이상 점검한 후 필요한 조치를 하지 않음 (시행령 제4조 7호).

시 사 점

- 피고인은 서울 동대문구 E아파트의 입주자대표회의로부터 아파트 관리에 관해 위탁을 받은 법인으로. 아파트 보수공사 중 중대재해가 발생하자 기소되어 유죄판결을 받은 반면 입주자대표회의 및 입주자대표회의장은 불기소됨.

7. 7호 판결 (제주지방법원 2022.12.30. 선고 2023고단146)

- 일시/장소 : 2022. 2. 23. / 제주시

- 사고 내용 : 피해자가 굴착기를 이용하여 굴뚝 해체작업을 하던 중, 굴뚝 상단 부분(약 6m가량)이 무게를 지탱하지 못하면서 상단 굴뚝 구조물이 낙하하여 굴뚝 중간 부분에서 굴뚝 중간지점을 파쇄하던 굴착기 운전석을 충격하여 피해자 사망

- 판결 결과 : 2023. 10. 18. 제1심 선고(확정)

– 중대재해처벌법 위반: F 주식회사 대표 징역 1년 2월 (집행유예 3년), F 주식회사 벌금 8,000만 원

– 산업안전보건법 및 형법 (업무상과실치사) 위반: F 주식회사 현장소장 A 금고 1월 (집행유예 3년), F 주식회사 관리감독자 B 금고 8월 (집행유예 2년), F 주식회사 안전관리자 C 금고 8월 (집행유예 2년), F 주식회사 감리자 D 금고 8월 (집행유예 2년)

- 중대재해처벌법 위반사항

– 사업 또는 사업장의 안전 · 보건에 관한 목표와 경영방침을 설정하지 않음 (시행령 제4조 1호).

– 사업 또는 사업장의 특성에 따른 유해 · 위험요인을 확인하여 개선하는 업무절차를 마련하지 않음 (시행령 제4조 3호).

– 안전보건관리책임자등이 해당 업무를 충실하게 수행하는지를 평가하는 기준을 마련하고, 그 기준에 따라 반기 1회 이상 평가 · 관리하지 않음 (시행령 제4조 5호).

– 사업 또는 사업장의 안전 · 보건에 관한 사항에 대해 종사자의 의견을 듣는 절차를 마련하고, 그 절차에 따라 의견을 들어 재해 예방에 필요하다고 인정하는 경우에는 그에 대한 개선방안을 마련하여 이행하는

지를 반기 1회 이상 점검한 후 필요한 조치를 하지 않음 (시행령 제4조 7호).

- 사업 또는 사업장에 중대산업재해가 발생하거나 발생할 급박한 위험이 있을 경우를 대비하여 다음 각 목의 조치에 관한 매뉴얼을 마련하고, 해당 매뉴얼에 따라 조치하는지를 반기 1회 이상 점검하지 않음 (시행령 제4조 8호).

시 사 점

- 제1호 판결 (의정부지방법원 고양지원 2023. 4. 6. 선고 2022고단3254) 이후 일단 중대재해가 발생하면 사고와 일견 직접 관련성이 멀어보이는 중대재해처벌법상 안전보건관리체계 구축의무 위반이 발견될 경우에도 이로 인하여 산업안전보건법상 안전보건조치를 취하지 아니하였고, 그로 인하여 중대재해 사고가 발생하였다는 2단계 인과관계를 토대로 중대재해처벌법위반죄로 기소되고 유죄가 선고될 가능성이 높다는 흐름을 다시 한번 확인해준 사례임.

8. 8호 판결 (창원지방법원 2023.11.3. 선고 2022고단1429)

- 일시/장소 : 2022. 2. 16. / 경상남도 창원시

- 사고 내용 : 트리클로로 메탄 10% 이상 함유된 유해화학물질 세척제를 사용하는 사업장에서 국소배기장치를 사용하지 않아 피해자들이 유해물질인 트리클로로메탄에 노출되어 흡입하게 되어 상해 (총 16명 독성 간염 상해)

- 판결 결과 : 2023. 11. 3. 제1심 판결 선고, 항소심 2024. 10. 25. 선고

- 중대재해처벌법 위반 : D 산업 대표 징역 1년 (집행유예 3년), D 산업 벌금 2,000만 원

- 중대재해처벌법 위반사항

- 사업 또는 사업장의 특성에 따른 유해 · 위험요인을 확인하여 개선하는 업무절차를 마련하지 않음 (시행령 제4조 3호).
- 안전보건관리책임자등이 해당 업무를 충실하게 수행하는지를 평가하는 기준을 마련하고, 그 기준에 따라 반기 1회 이상 평가 · 관리하지 않음 (시행령 제4조 5호).

시 사 점

- 피고인 법인 외에 다른 법인에서도 같은 세척제를 사용하여 13명이 독성간염에 걸렸으나, 이 법인은 안전 · 보건에 관한 종사자의 의견 청취, 유해 · 위험요인 확인 · 개선 절차를 마련하고, 재해예방 필요 예산을 편성하는 등 중대재해처벌법에서 정한 안전보건관리체계 구축 사실을 인정받아 중대재해처벌법 위반으로는 기소되지 않았음.

9. 9호 판결 (대구지방법원 서부지원 2023.11.9. 선고 2023고단1746)

- 일시/장소 : 2022. 9. 15. / 대구 달성군
- 사고 내용 : 언코일 작업을 하던 피해자가 피더를 통해 강관 생산설비로 투입되는 띠강에 허벅지를 베이는 상처를 입고 사망함.
- 판결 결과 : 2023. 11. 9. 제1심 판결 선고

- 중대재해처벌법 위반: J 철강 대표 징역 1년 (집행유예 2년), J 철강 벌금 7,000만 원

- 중대재해처벌법 위반사항

- 사업 또는 사업장의 특성에 따른 유해 · 위험요인을 확인하여 개선하는 업무절차를 마련하고, 해당 업무절차에 따라 유해 · 위험요인의 확인 및 개선이 이루어지는지를 반기 1회 이상 점검한 후 필요한 조치를 하지 않음 (시행령 제4조 3호).
- 안전보건관리책임자등이 해당 업무를 충실하게 수행하는지를 평가하는 기준을 마련하고, 그 기준에 따라 반기 1회 이상 평가 · 관리하지 않음 (시행령 제4조 5호).
- 안전 · 보건 관계 법령에 따른 의무이행에 필요한 관리상의 조치를 했는지 반기 1회 점검하지 않음 (시행령 제5조 1호).

시 사 점

- 1호 판결 (의정부지방법원 고양지원 2023. 4. 6. 선고 2022고단3254) 이후 일단 중대재해가 발생하면 재해와 다소 직접 관련성이 떨어지는 안전 · 보건관리의무 위반이 발견된 경우에도 이를 이유로 중대재해처벌법 위반으로 기소하고 유죄가 선고되는 판결 흐름을 다시 한번 확인해준 사례임.

10. 10호 판결
(대구지방법원 서부지원 2023.11.17. 선고 2023고단593)

- 일시/장소 : 2022. 6. 8. / 경북 성주군

- 사고 내용 : 피해자가 흐트러진 골재 등을 빗질하여 정리하는 작업을 하다가 후진하는 굴착기에 역과되어 사망함.

- 판결 결과 : 2023. 11. 17. 제1심 판결 선고
- 중대재해처벌법 위반: 원청 대표 징역 1년(집행유예 2년), 원청 벌금 8,000만 원
- 산업안전보건법 및 형법(업무상과실치사) 위반: 하청업체 대표 징역 8월 (집행유예 1년), 하청업체 벌금 800만 원

- 중대재해처벌법 위반사항
- 안전 · 보건에 관한 업무를 총괄 · 관리하는 전담 조직을 두지 아니함 (시행령 제4조 2호).
- 사업 또는 사업장의 특성에 따른 유해 · 위험요인을 확인하여 개선하는 업무절차를 마련하지 않음 (시행령 제4조 3호).
- 수급인의 산업재해 예방을 위한 조치능력과 기술에 관한 평가기준 · 절차 등을 마련하지 않음 (시행령 제4조 9호 가목).

시 사 점

- 제1호 판결(의정부지방법원 고양지원 2023. 4. 6. 선고 2022고단3254) 이후 일단 중대재해가 발생하면 재해와 다소 직접 관련성이 떨어지는 안전 · 보건관리의무 위반이 발견된 경우에도 이를 이유로 중대재해처벌법 위반으로 기소하고 유죄가 선고되는 판결 흐름을 다시 한번 확인해준 사례임.

11. 11호 판결 (서울중앙지방법원 2023.11.21. 선고 2023고단3237)

- 일시/장소 : 2022. 3. 25. / 서울 서초구

- 사고 내용 : 피해자는 안전모 또는 안전대걸이를 하지 않은 채 작업을 하던 중 5.8미터 아래인 지하 4층 바닥으로 추락하여 두부 손상으로 그 무렵 사망함.

- 판결 결과 : 2023. 11. 21. 제1심 판결 선고, 2024. 4. 29. 항소기각(확정)

- 중대재해처벌법 위반: J건설 대표 징역 1년 (집행유예 2년), J건설 벌금 5,000만 원

- 중대재해처벌법 위반사항

- 사업 또는 사업장의 특성에 따른 유해 · 위험요인을 확인하여 개선하는 업무절차를 마련하지 않음 (시행령 제4조 3호).
- 재해 예방을 위해 필요한 예산을 편성하거나 용도에 맞게 집행되는지 관리하지 않음 (시행령 제4조 4호).
- 안전보건관리책임자 등이 해당 업무를 충실하게 수행하는지 평가하는 기준을 마련하지 않음 (시행령 제4조 5호 나목).

시 사 점

- 이중의 인과관계에 대한 법리를 재확인한 사례
- 제1호 판결(의정부지방법원 고양지원 2023. 4. 6. 선고 2022고단3254) 이후 일단 중대재해가 발생하면 재해와 다소 직접 관련성이 떨어지는 안전 · 보건관리의무 위반이 발견된 경우에도 이를 이유로 중대재해처벌법 위반으로 기소하고 유죄가 선고되는 판결 흐름을 다시 한번 확인해준 사례임.

12. 12호 판결 (부산지방법원 2023.12.21. 선고 2023고단1616 판결)

- 일시/장소 : 2022. 3. 25. / 부산 연제구

- 사고 내용 : 피해자는 방호울 안쪽에서 단열재 부착작업 중임에도 아무런 신호 없이 피고인 D가 차량 운반기에 탑승하여 상승 운전하도록 작동함으로써, 그 사실을 미처 알지 못한 피해자로 하여금 주차설비 밖으로 빠져 나오지 못한 채 차량 운반기의 상승에 따라 하강한 균형추와 방호울 사이에 머리가 협착되어 부산대학교병원에서 외상성 뇌손상 등으로 사망함.

- 판결 결과 : 2023. 12. 21. 제1심 판결 선고

- 중대재해처벌법 위반 : 원청 대표 징역 6월 (집행유예 1년), 원청 벌금 5,000만 원
- 산업안전보건법 및 형법 (업무상과실치사) 위반 : 하청업체 대표 징역 4월 (집행유예 1년), 하청업체 벌금 500만 원

- 중대재해처벌법 위반사항

- 사업 또는 사업장의 특성에 따른 유해 · 위험요인을 확인하여 개선하는 업무절차를 마련하지 않음 (시행령 제4조 3호).
- 사업 또는 사업장의 안전 · 보건에 관한 사항에 대해 종사자의 의견을 듣는 절차를 마련하지 않음 (시행령 제4조 제7호).
- 도급, 용역, 위탁 등을 받는 자의 산업재해 예방을 위한 조치 능력과 기술에 관한 평가기준 · 절차 마련 및 안전 · 보건을 위한 관리비용 및 공사기간에 대한 기준을 마련할 의무 위반 (시행령 제4조 제9호 가목, 나목).

시 사 점

- 이중의 인과관계에 대한 법리를 거듭 확인한 사례

- 제1호 판결(의정부지방법원 고양지원 2023. 4. 6. 선고 2022고단3254) 이후 일단 중대재해가 발생하면 재해와 다소 직접 관련성이 떨어지는 안전 · 보건관리의무 위반이 발견된 경우에도 이를 이유로 중대재해처벌법 위반으로 기소하고 유죄가 선고되는 판결 흐름을 다시 한번 확인해준 사례임.

13. 13호 판결 (대구지방법원 2024.1.16. 선고 2023고단3905)

· 일시/장소 : 2022. 3. 30. / 경산시

· 사고 내용 : 피해자는 운전 중인 B골 편면기의 회전축 축하우징에 윤활유 주입 등 정비 작업을 하던 중 그 회전축 사이에 피해자의 의복이 말려 들어가면서 피해자의 몸 전체가 회전축에 협착되어 그 자리에서 머리 및 가슴의 다발성 손상으로 사망함.

· 판결 결과 : 2024. 1. 16. 제1심 판결 선고(확정)

- 중대재해처벌법 위반: S포장 대표 징역 1년 2월 (집행유예 2년), S포장 벌금 8,000만 원
- 산업안전보건법 및 형법 (업무상과실치사) 위반: S포장 안전관리자 금고 4월 (집행유예 1년)

· 중대재해처벌법 위반사항

- 사업 또는 사업장의 특성에 따른 유해 · 위험요인을 확인하여 개선하는 업무절차를 마련함에 있어 산업안전보건법 제36조와 그 위임에 따른 사업장 위험성평가에 관한 지침이 규정하는 방법과 절차 · 시기 등에 대한 기준을 반영하여야 하나 정비 · 보수 작업에 대한 위험성평가 없이 개괄적인 사항에 대한 일반적 절차만 규정함 (시행령 제4조 제3호).
- 안전보건관리책임자, 관리감독자 및 안전보건총괄책임자가 업무를 각 사업장에서 충실히 수행할 수 있도록 안전보건관리책임자 등이 해당 업무를 충실하게 수행하는 지를 평가하는 기준을 마련하지 않음 (시행령 제4조 제5호).
- 사업 또는 사업장에 중대산업재해가 발생하거나 발생할 급박한 위험이 있을 경우를 대비하여 작업 중지, 근로자 대피, 위험요인 제거 등

대응조치에 관한 매뉴얼을 마련하지 않음 (시행령 제4조 제8호 가목).

시 사 점

- 제1호 판결 (의정부지방법원 고양지원 2023. 4. 6. 선고 2022고단3254) 이후 일단 중대재해가 발생하면 재해와 다소 직접 관련성이 떨어지는 안전 · 보건관리의무 위반이 발견된 경우에도 이를 이유로 중대재해처벌법 위반으로 기소하고 유죄가 선고되는 판결 흐름을 다시 한번 확인해준 사례임.

14. 14호 판결
(대구지방법원 서부지원 2024.2.7. 선고 2022고단2940)

· 일시/장소 : 2022. 3. 29. / 대구 달성군

· 사고 내용 : 피해자는 고소작업대에 탑승하여 고소작업대를 약 11m 상승시킨 후 철골 옆 외부 계단참으로 건너가 볼트 등 작업 준비물을 놓아두고 고소작업대로 다시 넘어오던 중 추락하여 다발성 안면부 골절 등으로 사망함.

· 판결 결과 : 2024. 2. 7. 제1심 판결 선고

- 중대재해처벌법 위반: 원청 대표 징역 1년 (집행유예 2년), 원청 벌금 8,000만 원
- 산업안전보건법 및 형법 (업무상과실치사) 위반: 하청업체 현장소장 징역 6월 (집행유예 2년), 하청업체 벌금 1,500만 원

· 중대재해처벌법 위반사항

- 사업 또는 사업장의 안전 · 보건에 관한 목표와 경영방침을 설정하지 않음 (시행령 제4조 1호).
- 사업 또는 사업장의 특성에 따른 유해 · 위험요인을 확인하여 개선하는 업무절차를 마련한 뒤 해당 업무절차에 따라 유해 · 위험 요인의 확인 및 개선이 이루어지는지 반기 1회 이상 점검한 후 필요한 조치하지 않음 (시행령 제4조 3호).
- 안전보건관리책임자등이 업무수행에 필요한 권한과 예산을 주고 해당 업무를 충실하게 수행하는지를 평가하는 기준을 마련하고, 그 기준에 따라 반기 1회 이상 평가 · 관리하지 않음 (시행령 제4조 5호).
- 제3자에게 업무의 도급, 용역, 위탁 등을 하는 경우에는 종사자의 안전 · 보건을 확보하기 위해 도급, 용역, 위탁 등을 받는 자의 산업재

해 예방을 위한 조치 능력과 기술에 관한 평가기준 · 절차에 관한 기준을 마련한 뒤 그 기준과 절차에 따라 도급이 이루어지는지를 반기 1회 이상 점검할 의무 위반 (시행령 제4조 제9호).

시 사 점

- 제1호 판결 (의정부지방법원 고양지원 2023. 4. 6. 선고 2022고단3254) 이후 일단 중대재해가 발생하면 재해와 다소 직접 관련성이 떨어지는 안전 · 보건관리의무 위반이 발견된 경우에도 이를 이유로 중대재해처벌법 위반으로 기소하고 유죄가 선고되는 판결 흐름을 다시 한번 확인해준 사례임.

15. 15호 판결 (울산지방법원 2024.4.4. 선고 2022고단4497)

- 일시/장소 : 2022. 7. 14. / 경상남도 양산시
- 사고 내용 : 다이캐스팅 기계 (콜드챔버 4호기)의 내부 금형 청소 작업 중 금형 사이에 머리가 협착되어 두개골 파열로 사망 (1명 사망)
- 판결 결과 : (24. 4. 4. 제1심 선고)

– 중대재해처벌법 위반 : M제조 대표 징역 2년 (실형), M제조 벌금 1억 5,000만 원

– 산업안전보건법 및 형법 (업무상과실치사) 위반 : M제조 안전보건관리책임자 금고 1년 6개월

- 중대재해처벌법 위반사항

– 사업 또는 사업장의 특성에 따른 유해 · 위험요인을 확인하여 개선하는 업무절차를 마련하고, 해당 업무절차에 따라 유해 · 위험 요인의 확인 및 개선이 이루어지는지를 반기 1회 이상 점검한 후 필요한 조치할 의무 위반 (시행령 제4조 제3호).

– 중대산업재해가 발생하거나 발생할 급박한 위험이 있을 경우를 대비하여 작업 중지, 근로자 대피, 위험요인 제거 등 대응조치에 관한 매뉴얼을 마련 의무 위반 (시행령 제4조 제8호).

– 안전 · 보건 관계 법령에 따른 의무를 이행했는지를 반기 1회 이상 점검한 다음 안전 · 보건 관계 법령에 따른 의무가 이행되지 않은 사실이 확인되는 경우에는 인력을 배치하거나 예산을 추가로 편성 · 집행하는 등 안전 · 보건 관계 법령에 따른 의무이행에 필요한 관리상의 조치의무 위반 (시행령 제5조).

– 안전보건관리책임자 등이 해당 업무를 충실하게 수행하는지를 평가하는 기준을 마련하여 그 기준에 따라 안전보건관리책임자 등을 반기 1회 이상 평가 · 관리할 의무 위반 (시행령 제4조 제5호).

시 사 점

- 이 사건 사고 전에 회사의 안전점검을 위탁받은 E협회에서 수회 다이캐스팅 기계의 문이 개방된 상태에서 가동시 끼임재해 발생 위험성을 지적한 바 있었으나, 전혀 개선되지 않고, 실제로 지적된 부분에서 사고가 발생한 점을 가중적 양형 요소로 보아, 유족과 합의가 있고 시정조치가 완료되었다고 하더라도 경영책임자에게 징역 2년의 실형이 선고되어 주목할 만한 사례임.

- 중대재해처벌법상 의무이행을 위한 아무런 노력도 다하지 않은 경영책임자의 경우 유족과의 합의가 있어도 실형을 선고할 수 있다는 법원의 강한 의지를 보여준 판결임.

16. 16호 판결

(수원지방법원 안산지원 2024.4.24. 선고 2023고단3139)

· 일시/장소 : 2022. 8. 8. / 경기도 시흥시

· 사고 내용 : 피해자는 가설 분전함에 철근절단기를 연결하여 철근 절단 작업을 하던 중 발생한 누전으로 감전되어 심폐정지로 사망함.

· 판결 결과 : 2024. 4. 24. 제1심 판결 선고(확정)

- 중대재해처벌법 위반 : S건설 대표 징역 1년 (집행유예 2년), S건설 벌금 8,000만 원
- 산업안전보건법 및 형법 (업무상과실치사) 위반 : S건설 현장소장 징역 1년 (집행유예 2년), S건설 안전관리자 금고 8월 (집행유예 1년)

· 중대재해처벌법 위반사항

- 안전 · 보건에 관한 목표와 경영방침을 설정하지 않음 (시행령 제4조 제1호).
- 사업 또는 사업장의 특성에 따른 유해 · 위험요인을 확인하여 개선하는 업무절차를 마련하지 않음 (시행령 제4조 제3호).
- 재해 예방을 위해 필요한 안전 보건에 관한 인력, 시설, 방비를 구비하는데 필요한 예산을 편성하는 절차를 거치지 않음 (시행령 제4조 제4호 가목).
- 안전 · 보건 관계 법령에 따른 의무를 이행했는지를 반기 1회 이상 점검하지 않음 (시행령 제5조 제2항 1호).

시 사 점

- 제1호 판결 (의정부지방법원 고양지원 2023. 4. 6. 선고 2022고단 3254) 이후 일단 중대재해가 발생하면 재해와 다소 직접 관련성이 떨어지는 안전 · 보건관리의무 위반이 발견된 경우에도 이를 이유로 중대재해처벌법 위반으로 기소하고 유죄가 선고되는 판결 흐름을 다시 한번 확인해준 사례임.

17. 17호 판결 (창원지방법원 마산지원 2024.5.2. 선고 2024고단89)

- 일시/장소 : 2023. 5. 26. / 창원시

- 사고 내용 : 피해자는 오피스텔 5층과 6층 계단 사이에 있는 작업발판 위에서 견출작업을 하던 중 돌음계단 중앙 개구부 바닥으로 추락하여 목과 가슴의 다발성 손상으로 사망함.

- 판결 결과 : 2024. 5. 2. 제1심 판결 선고(확정)

- 중대재해처벌법 위반 : S건설 대표 징역 1년 (집행유예 2년), S건설 벌금 8,000만 원
- 산업안전보건법 및 형법 (업무상과실치사) 위반 : S건설 현장소장 징역 10월 (집행유예 2년)

- 중대재해처벌법 위반사항

- 사업 또는 사업장의 특성에 따른 유해 · 위험요인을 확인하여 개선하는 업무절차를 마련하지 않음 (시행령 제4조 제3호).
- 안전보건관리책임자 등이 해당 업무를 충실하게 수행하는지를 평가하는 기준을 마련하지 않음 (시행령 제4조 제5호).
- 산업안전보건법에 따라 정해진 수 이상의 안전관리자 등을 배치하지 않음 (시행령 제4조 제2호).
- 사업 또는 사업장의 안전 · 보건에 관한 사항에 대해 종사자의 의견을 듣는 절차를 마련하지 않음 (시행령 제4조 제7호).
- 사업 또는 사업장에 중대산업재해가 발생하거나 발생할 급박한 위험이 있을 경우를 대비하여 작업중지, 근로자 대피, 위험요인 제거 등 대응 조치에 관한 매뉴얼을 마련하지 않음 (시행령 제4조 제8호).

시 사 점

- 제1호 판결(의정부지방법원 고양지원 2023. 4. 6. 선고 2022고단3254) 이후 일단 중대재해가 발생하면 재해와 다소 직접 관련성이 떨어지는 안전 · 보건관리의무 위반이 발견된 경우에도 이를 이유로 중대재해처벌법 위반으로 기소하고 유죄가 선고되는 판결 흐름을 다시 한번 확인해준 사례임.

18. 18호 판결 (울산지방법원 2024.7.4. 선고 2023고단5014)

- 일시/장소 : 2022. 11. 4. / 울산 울주군

- 사고 내용 : 피해자들이 잘못된 방식으로 섬유 벨트를 체결한 다음 크레인으로 찬넬을 인양한 후 인양된 찬넬 아래에서 높이 조정작업을 하던 중 크레인에 연결된 섬유벨트가 끊어지면서 찬넬이 낙하하여 피해자들을 충격함 (1명 사망, 1명 상해)

- 판결 결과 : 2024. 7. 4. 제1심 판결 선고

- 중대재해처벌법 위반 : 원청 대표 징역 1년 6월 (집행유예 2년), 원청 벌금 5,000만 원
- 산업안전보건법 및 형법 (업무상과실치사) 위반 : 원청 관리감독자 금고 6월 (집행유예 2년), 하청업체 안전보건관리책임자 징역 8월 (집행유예 2년), 하청업체 벌금 500만 원

- 중대재해처벌법 위반사항

- 사업 또는 사업장의 특성에 따른 유해 · 위험요인을 확인하여 개선하는 업무절차를 마련하였으나, 절차대로 진행되지 않음 (시행령 제4조 제3호).
- 안전보건관리책임자 등 중 관리감독자가 해당 업무를 충실하게 수행하는지를 평가하는 기준을 마련하지 않음 (시행령 제4조 제5호).
- 도급, 용역, 위탁 등을 받는 자의 산업재해 예방을 위한 조치 능력과 기술에 관한 평가기준 · 절차에 관한 기준을 마련하지 않음 (시행령 제4조 제9호).
- 안전 · 보건 관계 법령에 따른 의무를 이행했는지를 반기 1회 이상 점검한 다음 안전 · 보건 관계 법령에 따른 의무가 이행되지 않은 사실이 확인되는 경우에는 인력을 배치하거나 예산을 추가로 편성 · 집행

하는 등 안전 · 보건 관계 법령에 따른 의무이행에 필요한 관리상의 조치의무 위반 (시행령 제5조).

시 사 점

- 사업 또는 사업장의 특성에 따른 유해 · 위험요인을 확인하여 개선하는 업무절차를 마련하였더라도, 그 마련한 업무절차대로 실질적으로 작업이 이루어지지 않는다면 시행령 제4조 제3호의 의무를 위반한 것과 동일하게 평가됨.

- 시행령 제4조 제5호의 안전보건관리책임자 등에 대한 반기 1회 평가는 관리감독자에 대하여도 이루어져야 함을 보여준 판결임.

- 위 판결에 의하면 형식적으로 중대재해처벌법상 의무를 이행한 외관만 형성한 것으로는 실질적 의무이행이 없다고 보아 중대재해 발생 시 중대재해처벌법위반죄가 인정될 가능성이 큼.

19. 19호 판결 (춘천지방법원 2024.8.8. 선고 2022고단1445)

- 일시/장소 : 2022. 2. 26. / 강원 춘천시
- 사고 내용 : 이동식비계 위에서 콘크리트 벽체 절단기 및 핸드브레이커를 이용하여 각 출입문 상부에 철근콘크리트로 시공되어 있는 벽체를 철거하는 작업을 하던 중 정상적인 작업방법과 달리 위 벽체를 상부, 좌측, 우측으로만 나누어 절단하던 중 위 259kg 상당의 콘크리트가 한꺼번에 떨어지면서 위 이동식 비계를 충격하고 이로 인하여 비계가 약 2m 튕겨져 나가면서 중심을 잃고 높이 약 1.8m인 비계위에서 바닥으로 추락하여 사망 (1명 사망).
- 판결 결과 : 2024. 8. 8. 제1심 선고

- 중대재해처벌법 위반 : 원청 대표 징역 1년 (집행유예 2년), 원청 벌금 5,000만 원
- 산업안전보건법 및 형법 (업무상과실치사) 위반 : 하청업체 현장소장 징역 10월 (집행유예 2년)

- 중대재해처벌법 위반사항

- 안전 · 보건에 관한 목표와 경영방침을 설정하지 않음 (시행령 제4조 제1호).
- 안전보건관리책임자 등이 해당 업무를 충실하게 수행하는지를 평가하는 기준을 마련하여 그 기준에 따라 안전보건관리책임자 등을 반기 1회 이상 평가 · 관리할 의무 위반 (시행령 제4조 제5호).
- 사업 또는 사업장의 안전 · 보건에 관한 사항에 대해 종사자의 의견을 듣는 절차를 마련하지 않음 (시행령 제4조 제7호).
- 사업 또는 사업장에 중대산업재해가 발생하거나 발생할 급박한 위험이 있을 경우를 대비하여 작업중지, 근로자 대피, 위험요인 제거 등 대응 조치에 관한 매뉴얼을 마련하지 않음 (시행령 제4조 제8호).

시 사 점

- 법원은 노사협의체가 운영되었지만 도급인의 임직원 및 수급인의 대표자들만 참석하였고, 그 외 TBM, 정기회식 등 만으로는 종사자들의 실질적 의견청취가 없었다고 보았음.

- 위 법원의 입장을 고려하면 종사자 의견청취 절차는 기존 산업안전보건법상의 의무들과 독립적으로 이루어져야 하며, 명시적으로 이루어져야 한다고 볼 수 있으므로 중대재해처벌법상의 의무사항들이 형식적으로 이행된 것 만으로는 의무 이행이 있다고 보지 않는다는 법원의 입장을 다시 한 번 재확인 한 것으로 볼 수 있음.

20. 20호 판결

(창원지방법원 통영지원 2024.8.21. 선고 2023고단95, 2023고단1448)

- 일시/장소 : 2022. 2. 19. / 경상남도 고성군

- 사고 내용 : 조선소에서 핸드레일 보수작업 중 안전고리 미결착 상태에서 8m아래 바닥으로 떨어져 사망 (1명 사망)

- 판결 결과 : 2024. 8. 21. 제1심 선고
  - 중대재해처벌법 위반 : 원청 대표 징역 2년 (실형), 원청 벌금 20억 원
  - 산업안전보건법 및 형법 (업무상과실치사) 위반 : 원청 조선소장 징역 1년 6월 (집행유예 3년), 원청 벌금 5백만 원, 하청업체 대표 벌금 2,000만 원, 하청업체 벌금 2,000만 원, 하청업체 현장소장 징역 10월 (집행유예 2년)

- 중대재해처벌법 위반사항
  - 안전보건관리책임자 등이 해당 업무를 충실하게 수행하는지를 평가하는 기준을 마련하여 그 기준에 따라 안전보건관리책임자 등을 반기 1회 이상 평가 · 관리할 의무 위반 (시행령 제4조 제5호).
  - 사업 또는 사업장의 안전 · 보건에 관한 사항에 대해 종사자의 의견을 듣는 절차를 마련하고, 그 절차에 따라 의견을 들어 재해 예방에 필요하다고 인정하는 경우에는 그에 대한 개선방안을 마련하여 이행하는지를 반기 1회 이상 점검한 후 필요한 조치 의무 위반 (시행령 제4조 제7호).
  - 종사자의 안전·보건을 확보하기 위한 수급인의 안전 · 보건관리비용에 대한 기준을 마련하지 아니함 (시행령 제4조 제9호 나목).

시 사 점

- 경영책임자는 징역 2년의 실형을 선고받아 법정 구속되었고 당해 법인은 20억 원의 역대 최고 벌금형이 선고된 판결로 주목받고 있음.

- 위 사업장의 경영책임자는 이미 과거 산업안전보건법위반으로 7회 형사처벌 받았으며, 위 원청 법인은 과거 근로자 사망사건으로 형사처벌 받았던 전력이 가중적 양형요소로 참작되어 유족과의 합의가 있었고, 사고 발생에 피해자의 책임이 어느 정도 있음에도 불구하고 반복적으로 산업재해가 발생함에도 이를 위한 개선 노력이 없는 법인 및 그 경영책임자에 대하여 중형이 선고되었음.

- 과거 산업재해 등으로 형사처벌 받은 전력이 있는 경영책임자등은 중대재해처벌법이 요구하는 안전보건관리체계 구축 등 안전보건 확보의무를 더욱 충실히 이행하고 점검해야 함을 시사함.

21. 21호 판결 (전주지방법원 2024.8.21. 선고 2024고단867 판결)

- 일시/장소 : 2023. 3. 22. / 전라북도 전주시 완산구

- 사고 내용 : 건설현장에서 지상 7층 발코니 하부 보의 할석작업을 위하여 지상 6층의 발코니로 이동하던 피해자가 1.7m 상당의 작업발판을 오르던 중 16.4m 아래 지상으로 추락하여 사망 (1명 사망)

- 판결 결과 : 2024. 8. 21. 제1심 판결 선고
  - 중대재해처벌법 위반 : D 주식회사 대표 징역 1년 (집행유예 2년), D 주식회사 벌금 8,000만 원
  - 산업안전보건법 및 형법 (업무상과실치사) : D 주식회사 현장소장 징역 10월 (집행유예 2년), D 주식회사 안전관리자 금고 4월 (집행유예 1년)

- 중대재해처벌법 위반사항
  - 사업 또는 사업장의 특성에 따른 유해 · 위험요인을 확인하여 개선하는 업무절차를 마련하지 않음 (시행령 제4조 3호).
  - 안전보건관리책임자 등이 해당 업무를 충실하게 수행하는지를 평가하는 기준을 마련하여 그 기준에 따라 안전보건관리책임자 등을 반기 1회 이상 평가 · 관리하지 않음 (시행령 제4조 제5호).

시 사 점

- 제1호 판결 (의정부지방법원 고양지원 2023. 4. 6. 선고 2022고단3254) 이후 일단 중대재해가 발생하면 재해와 다소 직접 관련성이 떨어지는 안전 · 보건관리의무 위반이 발견된 경우에도 이를 이유로 중대재해처벌법 위반으로 기소하고 유죄가 선고되는 판결 흐름을 다시 한번 확인해준 사례임.

22. 22호 판결 (의정부지방법원 2024.8.27. 선고 2024고단4)

- 일시/장소 : 2022. 7. 4. / 경기 양주시
- 사고 내용 : 피해자가 3.9m 높이의 오수관에 A형 사다리를 펼쳐서 걸친 다음 지상으로부터 약 2.5m 높이에서 위 오수관을 분리하여 점검하던 중 위 사다리의 접합부분이 파손되어 바닥으로 추락하여 사망(1명 사망)
- 판결 결과 : 2024. 8. 27. 제1심 판결 선고

- 중대재해처벌법 위반: A주식회사 대표 징역 8월 (집행유예 2년), A주식회사 벌금 5,000만 원

- 중대재해처벌법 위반사항

- 사업 또는 사업장의 특성에 따른 유해 · 위험요인을 확인하여 개선하는 업무절차를 마련한 뒤 해당 업무절차에 따라 유해 · 위험 요인의 확인 및 개선이 이루어지는지 반기 1회 이상 점검한 후 필요한 조치하지 않음 (시행령 제4조 3호).
- 사업 또는 사업장의 안전 · 보건에 관한 사항에 대해 종사자의 의견을 듣는 절차를 마련하지 않음 (시행령 제4조 제7호).

시 사 점

- 이중의 인과관계 법리를 반복 설시하고, 안전보건확보의무가 실질적으로 이행되지 않은 경우 의무이행으로 평가하지 않음을 거듭 확인한 판결.

23. 23호 판결 (청주지방법원 2024.9.10. 선고 2023고단1464)

- 일시/장소 : 2022. 2. 24. / 충북 보은군

- 사고 내용 : 피해자는 천장 크레인으로 탈사기를 본체에 안착시키는 작업을 하던 중 오조작으로 흔들린 탈사기와 본체 사이에 머리가 협착되어 사망 (1명 사망)

- 판결 결과 : 2024. 9. 10. 제1심 판결 선고

- 중대재해처벌법 위반 : 원청 대표 벌금 3,000만 원, 원청 벌금 1억 원
- 산업안전보건법 및 형법 (업무상과실치사) 위반 : 하청업체 대표 징역 10월 (집행유예 2년)

- 중대재해처벌법 위반사항

- 업안전보건법상 필요한 안전인력이 총 5명 이상이고 상시 근로자 수가 540명임에도 안전 · 보건에 관한 업무를 총괄 · 관리하는 전담 조직을 두지 않았음 (시행령 제4조 2호).

시 사 점

- 피고인은 총 6인으로 구성된 안전보건전담조직을 구성했으나, 단 1명의 팀원만 안전 · 보건 업무를 전담하였고 나머지 인원들은 다른 업무를 겸하였고. 피고인이 구성한 전담조직은 특별히 추가로 담당할 업무나 별도의 근무시간을 배정하지 않고, 생산 내지 생산관리를 담당하는 직원들 일부를 선정하여 회의만 하는 등 형식적으로 전담조직을 구성했으므로 안전보건전담조직 구성의무를 위반했다고 판단함.

- 따라서 안전보건전담조직의 구성원들은 중대재해처벌법상의 안전보건확보의무의 이행을 실질적으로 총괄 · 관리할 수 있을 정도의 인적 · 물적 요건을 갖추어야 하고, 기존 다른 업무를 담당하는 직원을 형식적으로 전담조직 구성원으로 지정하는 정도로는 위 의무를 이행한 것으로 보기 어려움을 알 수 있음.

24. 24호 판결 (대전지방법원 2024.10.7. 선고 2024고단1530)

- 일시/장소 : 2023. 7. 17. / 충남 아산시
- 사고 내용 : 피해자가 공장에서 구동중인 언코일러 1호기에서 코일에 보호필름을 부착하는 작업을 하던 중 피해자의 머리가 회전하고 있던 언코일러의 십자 형태 회전축에 부딛친 다음, 회전축과 본체 사이에 머리가 끼어 사망 (1명 사망)
- 판결 결과 : 2024. 10. 7. 제1심 판결 선고
  - 중대재해처벌법 위반 : S주식회사 대표 징역 1년, S주식회사 벌금 8,000만 원
  - 산업안전보건법 및 형법 (업무상과실치사) 위반 : S주식회사 공장장 징역 10월 (집행유예 2년), S주식회사 파트장 금고 6월 (집행유예 2년), S주식회사 라인장 금고 6월 (집행유예 2년)
- 중대재해처벌법 위반사항
  - 사업 또는 사업장의 특성에 따른 유해 · 위험요인을 확인하여 개선하는 업무절차를 마련한 뒤 해당 업무절차에 따라 유해 · 위험 요인의 확인 및 개선이 이루어지는지 반기 1회 이상 점검한 후 필요한 조치하지 않음 (시행령 제4조 3호).
  - 안전보건관리책임자 등이 해당 업무를 충실하게 수행하는지를 평가하는 기준을 마련하여 그 기준에 따라 안전보건관리책임자 등을 반기 1회 이상 평가 · 관리할 의무 위반 (시행령 제4조 제5호).
  - 안전 · 보건 관계 법령에 따른 의무를 이행했는지를 반기 1회 이상 점검한 다음 안전 · 보건 관계 법령에 따른 의무가 이행되지 않은 사실이 확인되는 경우에는 인력을 배치하거나 예산을 추가로 편성 · 집행하는 등 안전 · 보건 관계 법령에 따른 의무이행에 필요한 관리상의 조치의무 위반 (시행령 제5조).

시 사 점

- 제1호 판결(의정부지방법원 고양지원 2023. 4. 6. 선고 2022고단 3254) 이후 일단 중대재해가 발생하면 재해와 다소 직접 관련성이 떨어지는 안전 · 보건관리의무 위반이 발견된 경우에도 이를 이유로 중대재해처벌법 위반으로 기소하고 유죄가 선고되는 판결 흐름을 다시 한번 확인해준 사례임.

25. 25호 판결 (대구지방법원 2024.10.16. 선고 2023고단226)

- 일시/장소 : 2022. 7. 4. / 경북 영덕군
- 사고 내용 : 피해자가 이 사건 공사 현장 앞 도로에서 화물차를 이용하여 폐콘크리트 상차작업을 하던 중 화물차의 시동을 켠 상태로 운전석을 이탈하였고, 화물차가 피해자를 향해 미끄러지면서 담벼락과 화물차 사이에 피해자가 끼어 사망 (1명 사망)
- 판결 결과 : 2024. 10. 16. 제1심 판결 선고

- 중대재해처벌법 위반: A건설 무죄
- 산업안전보건법 및 형법(업무상과실치사) 위반: A건설 현장소장 징역 6월 (집행유예 2년)

- 중대재해처벌법 위반사항

- 없음

시 사 점

- 50억 미만 사업장으로 당시 중대재해처벌법 적용 대상이 아니라는 형식적인 이유로 무죄가 선고된 판결.

- 공사금액 산정은 계약서에 규정된 금액을 기준으로 하는 것이고 자재비 등을 포함하는 공사에 소요되는 총 금액이 아니라는 취지의 판단이 있었음.

26. 26호 판결

(수원지방법원 평택지원 2024.10.16. 선고 2024고단220)

· 일시/장소 : 2023. 8. 9. / 경기도 안성시 옥산동

· 사고 내용 : 건물 건설 현장에서 9층 바닥 슬래브 시공을 위해 콘크리트를 타설하던 중 데크플레이트가 무너져 추락 및 매몰로 사망 및 부상 (사망 2명, 부상 5명)

· 판결 결과 : (24. 10. 16. 제1심 선고)

- 중대재해처벌법 위반 : 원청 (B건설) 대표 징역 2년 (실형), 원청 (B건설) 벌금 2억 원
- 산업안전보건법 및 형법 (업무상과실치사) 위반 : 원청 (B건설) 안전관리자 금고 1년 (집행유예 2년), 원청 (B건설) 상주감리자 금고 1년 (집행유예 3년), 하청업체 (D이엔씨) 벌금 5,000만 원, 하청업체 (D이엔씨) 현장소장 징역 1년 6월 (집행유예 2년), 하청업체 (D이엔씨) 팀장 금고 1년 (집행유예 2년)

· 중대재해처벌법 위반사항

- 안전 · 보건에 관한 목표와 경영방침을 설정 의무 위반 (시행령 제4조 제1호).
- 사업 또는 사업장의 특성에 따른 유해 · 위험요인을 확인하여 개선하는 업무절차를 마련하고, 해당 업무절차에 따라 유해 · 위험요인의 확인 및 개선이 이루어지는지를 반기 1회 이상 점검한 후 필요한 조치를 할 의무 위반 (시행령 제4조 제3호).
- 도급, 용역, 위탁 등을 받는 자의 산업재해 예방을 위한 조치 능력과 기술에 관한 평가기준 · 절차 마련 의무 위반 (시행령 제4조 제9호 가목).

- 안전 · 보건 관계 법령에 따른 의무이행에 필요한 관리상의 조치의무 위반 (시행령 제5조 제2항 제1호).
- 안전 · 보건 관계 법령에 따라 의무적으로 실시해야 하는 유해 · 위험한 작업에 관한 안전 · 보건에 관한 교육이 실시되었는지를 반기 1회 이상 점검하지 않음 (시행령 제5조 제2항 제3호).

시 사 점

- 반복적으로 산업재해가 발생함에도 이를 위한 개선 노력이 없는 법인 및 그 경영책임자에 대하여 실형이 선고됨을 재확인 해준 판결.

- 또한 중대재해처벌법상 의무를 형식적으로만 이행하거나, 아무런 의무를 이행하지 않고 방기할 경우 피해자의 책임으로 중대재해가 발생했으며 유족과의 합의를 하더라도 경영책임자에게 실형이 선고됨을 보여줌.

실형 선고 사례 : 중처법 적용강화

현재까지 중대재해처벌법위반 혐의로 기소되어 1심 판결이 선고된 사건(27건) 중에서 경영책임자에게 실형이 선고된 사건은 총 4건입니다.

법원은 H사 및 S사 사건에서 경영책임자의 산업안전보건법(이하 "산안법") 전과, 1년 전 발생한 사망사고를 이유로 실형을 선고했고, M사 사건에서 안전점검에서 수차례 지적된 것을 개선하지 않고 방치한 점을 근거로 실형을 선고했으며, K사 사건에서 경영책임자의 산안법 전과, 4개월 전 안전조치의무 위반을 지적 받은 점 등을 이유로 실형을 선고했습니다.

위 사건에서 법원은 공통적으로 경영책임자가 중대재해 발생 전에 재해발생의 가능성을 충분히 인식할 수 있는 계기가 있었음에도 이를 만연히 무시하거나 방치한 경우에 그 의무 위반의 정도가 중하다고 판단하여 실형을 선고하였습니다.

실형 선고 사건들을 분석하여 얻은 시사점은, (1) 산업재해 및 산안법위반 전력이 있는 사업장에 대해 중대재해처벌법상 의무이행현황을 집중적으로 점검하여야 하고, (2) 경영책임자에게 다수의 산업안전 전과가 누적되지 않도록 관리하여야 하며, (3) 안전점검 실시 후에는 신속하게 그 결과를 확인하고 지적사항을 개선하여야 한다는 것입니다.

1. H사, S사, K사 사건: 최근 사망사고가 발생한 적이 있고 경영책임자에게 다수의 산안법위반 전과가 있는 경우에 중대재해가 발생하면 실형이 선고될 수 있음을 시사함

H사 사건은 협력업체 근로자가 2022. 3. 16. 손상된 섬유벨트로 샤클 없이 방열판을 인양하다가 낙하한 방열판에 피해자의 다리가 협착되어 사망한 사고로, 법원은 2023. 4. 26. H사 대표이사의 중대재해처벌법위반죄 등을 인정하여 **징역 1년의 실형**을 선고하였습니다(창원지방법원 마산지원 2023. 4. 26. 선고 2022고합95판결).

법원은 양형에 관하여, (1) H사 대표이사가 장기간 경영책임자 겸 안전보건총괄책임자로 근무하며 산안법상 안전조치의무 위반으로 3번의 벌금형을 받은 점, (2) 2021. 5. 산업재해 사망사고가 발생하여 2023. 2.경 산안법위반죄로 벌금형이 확정된 점, (3) 위 형사재판을 받던 중에 2022. 1. 27. 중대재해처벌법이 시행되었음에도 안전보건 확보의무를 제대로 이행하지 않다가 재차 사망사고가 발생한 점을 근거로 들며, H사 사업장에 종사자의 안전을 위협하는 구조적 문제가 있다고 판시하였고, 엄중한 처벌이 불가피하다고 판단하였습니다.

S사 사건은 협력업체 근로자가 2022. 2. 19. 안전대 고리를 결착하지 않고 핸드레일 보수작업을 준비하던 중 아래로 추락하여 사망한 사고로, 법원은 2024. 8. 21. H사 대표이사의 중대재해처벌법위반죄를 인정하여 **징역 2년의 실형**을 선고하였습니다(울산지방법원 2024. 4. 4. 선고 2022고단4497 판결).

법원은 양형에 관하여, (1) S사 대표이사에게 7건의 산안법위반 전과가 있고, (2) S사 사업장에서 1년 전 2건의 사망사고가 발생한 점, (3) 형사재판을 받던 중에 중대재해처벌법이 시행되었음에도 대표이사의 책임 회피를 위한 조직개편 등 준비에 급급했을 뿐 구조적 문제를 해결하려는 노력을 소홀히 하여 재차 중대재해가 발생한 점, (4) 진지하게 반성하는 태도를 보이지 않고 법정에서 불량한 자세로 일관한 점 등을 근거로 더욱 엄벌에 처할 필요가 있다고 판시하였습니다.

K사 사건은 협력업체 근로자가 2023. 8. 9. 콘크리트 타설 작업 중 하부 동바리가 붕괴되면서 2명이 추락하여 사망한 사고로, 법원은 2024. 10. 16. K사 대표이사의 중대재해처벌법위반죄를 인정하여 **징역 2년의 실형**을 선고하였습니다(수원지방법원 평택지원 2024. 10. 16. 선고 2024고단220 판결).

법원은 양형에 관하여, (1) K사 대표이사에게 4건의 산안법위반 전과(벌금형)가 있어서 안전의식 부재가 심각한 수준이었던 점, (2) 사고 발생 4개월 전에 동바리 조립 관련 안전조치 미이행 지적을 받았던 점, (3) 사고 발생 2개월 및 1개월 전에 산업재해가 발생했던 점, (4) 경영책임자이자 안전보건총괄책임자였음에도 위험성평가, 특별교육 등의 이행 점검을 소홀히 한 점 등을 이유로 실형 선고가 불가피하다고 판시하였습니다.

이처럼 최근 사망사고가 발생하였거나 경영책임자에게 다수의 산안법위반 전과가 있는 경우에는 중대재해가 발생하면 실형이 선고될 수 있습니다. 따라서 **사망사고 또는 산안법위반 전력이 있는 사업장을 집중적으로 점검하여야 하고, 경영책임자에게 산안법위반 전과가 누적되지 않도록 관리**할 필요가 있습니다.

2. M사 사건: 안전점검을 실시한 후 지적사항을 신속히 시정하지 않고 방치하다가 중대재해가 발생하면 실형이 선고될 수 있음을 시사함

M사 사건은 2022. 7. 14. 근로자가 다이캐스팅(주조) 기계의 내부 청소 작업 중에 머리가 협착되어 사망한 사고로, 법원은 2024. 4. 4. M사 대표이사의 중대재해처벌법위반죄 등을 인정하여 **징역 2년의 실형**을 선고하였습니다(울산지방법원 2024. 4. 4. 선고 2022고단4497 판결).

법원은 양형에 관하여, (1) M사 대표이사가 외부 안전업체의 안전점검을 통해 안전문 방호장치의 결함 사실, 인터록 장치의 설치 필요성, 끼임 재해 발생의 위험성을 수차례 지적받아 이를 인식한 점, (2) 안전관리 보고서에 최근 인접 지역에서 동종의 중대재해가 발생한 사실이 적혀 있음에도 예방조치를 취하지 않은 점, (3) 사고 기계 외의 다른 설비들도 전반적으로 방호장치의 기능을 상실한 상태였던 점 등을 근거로, 회사의 전반적인 안전문제를 방치하였고 집행유예 등으로 선처할 수 없다고 판시하였습니다.

이처럼 안전점검을 통해 유해위험 요소가 확인되었음에도 이를 신속히 시정하지 않고 방치한 경우에 의무 위반의 정도가 중대하여 실형이 선고될 수 있습니다. 따라서 **안전점검 실시 후에는 경영책임자가 그 결과를 확인하고 지적사항 개선조치 등 재해 예방에 필요한 조치를 신속히 실시**하여야 합니다. 특히 최근 인접 지역에서 중대재해가 발생한 경우에는 해당 사례를 전파하여 같은 유형의 재해가 발생하지 않도록 예방조치를 취할 필요가 있습니다.

중대재해처벌법 관련 최근 주요 불기소 사례 및 시사점

중대재해 처벌 등에 관한 법률(이하 "중대재해처벌법")이 시행(2022. 1. 27. 시행)된 지 3년 이상 경과하였습니다. 중대재해처벌법 시행 이후 2025년 5월경 기준으로 중대재해처벌법 위반 혐의로 수사된 사건은 700건이 넘는데, 그중 검찰이 기소한 사건은 약 90건이고, 불기소 결정한 사건은 약 30건으로 파악됩니다. 최근에는 검찰의 불기소 결정 사례와 노동청의 내사종결 사례가 다수 파악되고 있는데, 이러한 사례들의 특성과 판단 근거를 살펴볼 필요가 있습니다.

이하에서는 중대재해처벌법 위반에 관한 최근의 검찰 불기소 및 노동청 내사종결 사례 중 김·장 법률사무소에서 수행한 사건들을 사건 유형별로 분류하여 각 사건의 개요 및 시사점을 설명해 드리겠습니다.

1. 산업안전보건법위반 및 중대재해처벌법위반이 모두 부정된 사례

이하의 사례들은 법리적으로 산업안전보건법상 안전보건조치의무 위반이 없거나 사업주가 위험한 작업이 이루어지는 것을 알고도 안전보건조치의무 없이 방치하였다고 보기 어렵다는 등의 이유로 산업안전보건법 위반이 인정되지 않은 사례들입니다. 이러한 사례들의 경우, 중대재해처벌법위반 사건에서는 산업안전보건법 위반을 매개로 중대재해처벌법 위반과 사고와의 인과관계를 인정할 수 있다는, 이른바 '다단계 인과관계 법리'를 적용할 경우, 특별한 사정이 없으면 중대재해처벌법 위반도 인정하기 어렵다고 판단될 가능성이 높습니다. 따라서, 이례적인 작업 방식 내지 행동으로 인한 사고가 발생한 경우, 사고 초기부터 사고 원인 및 경위를 면밀히 파악하여 안전보건조치의무의 위반으로 의율할 수 있는지를 검토할 필요가 있습니다.

(1) 플라스틱용기 제조공장 설비 끼임사고 사건 (검찰 불기소 처분)

이 사건은 플라스틱 용기 제조공장에서 협력업체 근로자가 사출성형기 설비에 이물질이 끼자, 설비 내로 진입하여 이물질 제거작업을 한 뒤 설비의 정상가동 여부를 확인하기 위하여 동료 근로자에게 요청하여 설비를 작동시켰다가 설비 안에 있던 근로자가 설비에 끼여 사망한 사건이었습니다. 이 사건에서는 특히 근로자가 사출성형기 내부 작업 시 정상적인 작업 절차를 준수하였는지가 주로 문제 되었습니다.

검찰은 사출성형기 설비 방호장치 관련 일부 안전조치의무 위반이 인정되나, 사고가 정상적인 작업 절차를 준수하지 않은 재해자의 이례적 작업 방식으로 인하여 발생한 것인 점을 고려하여, 회사가 이러한 위험한 작업을 예견하거나 이를 알고도 안전조치의무 위반을 방치하였다고 보기 어렵다고 판단하여 산업안전보건법 위반을 인정하지 않았습니다. 중대재해처벌법 위반의 경우, 산업안전보건법 위반이 인정되지 않는 이상 중대재해처벌법 의무 위반과의 인과관계를 인정하기 어렵다는 이유로 그 혐의가 없다고 판단하였습니다.

(2) 택배터미널 하차작업 중 전도사고 사건 (노동청 내사종결 처분)

이 사건은 택배터미널에서 협력업체 간선기사가 차량 내 물품 하차작업 후 적재함 뒷문을 닫기 위해 이동하던 중 바닥에서 미끄러져 사망한 사건이었습니다. 이 사건에서는 특히 사고 발생 장소가 안전조치의무 이행이 필요한 '작업장'인지, 안전조치의무 위반과 사고 사이의 인과관계를 인정할 수 있는지가 문제 되었습니다.

노동청은 사고의 발생 장소 및 경위를 고려할 때 안전조치의무 위반을 인정하기 어렵고, 설령 일부 위반이 인정된다 하더라도 사망 결과와의 인과관계를 인정하기 어렵다고 판단하여, 산업안전보건법 위반 혐의 성립을 부정하고 내사종결 하였습니다. 중대재해처벌법 위반의 경우, 중대재해처벌법상 안전보건 확보의무를 충실히 이행하였으며, 산업안전보건법 위반이 인정되지 않는 이상 중대재해처벌법 의무 위반과의 인과관계도 인정되기 어렵다는 이유로 그 위반이 인정되지 않는다고 판단하였습니다.

(3) 대형병원 의료장비 유지보수작업 중 협착사고 사건
(노동청 내사종결 처분)

이 사건은 대형병원에서 CT장비 유지보수작업을 하던 협력업체 근로자가 장비에 끼여 사망한 사건이었습니다. 이 사건에서는 재해자가 CT장비 유지보수작업 시 정상적인 작업 절차를 준수하였는지가 주로 문제 되었습니다.

노동청은 위 사고가 재해자의 정상적인 작업 절차를 준수하지 않

은 이례적 작업 방식으로 인하여 발생하였고, 적용 가능한 안전조치 의무 규정도 명확하지 않을 뿐만 아니라, 회사 측이 이러한 위험한 작업을 예견하기 어려웠다고 보아, 산업안전보건법 위반 혐의 성립을 부정하고 내사 종결하였습니다. 중대재해처벌법 위반의 경우, 산업안전보건법 위반이 인정되지 않아 추가 수사 없이 종결되었습니다.

(4) 공장 배관공사 작업 중 감전사고 사건 (노동청 내사종결 처분)

이 사건은 신규공장 배관공사 현장에서 배관부품 설치작업을 하던 협력업체(하청) 근로자가 절단된 전선에 감전되어 사망한 사건이었습니다. 이 사건에서는 특히 회사(하청)가 감전방지 관련 안전조치 의무를 이행하였는지, 안전조치의무 위반과 사고 사이의 인과관계를 인정할 수 있는지가 주로 문제 되었습니다.

노동청은 회사가 전선이 절단될 것에 대비하여 감전 방지 관련 안전조치의무를 해야 한다고 보기 어렵고, 설령 일부 위반이 인정된다고 하더라도 사고와의 인과관계를 인정하기 어렵다고 판단하여, 산업안전보건법 위반 혐의 성립을 부정하고 내사종결 하였습니다. 중대재해처벌법 위반의 경우, 산업안전보건법 위반이 인정되지 않아 추가 수사 없이 종결되었습니다.

(5) 빌딩 건설공사 현장 개구부 추락사고 사건 (노동청 내사종결 처분)

이 사건은 빌딩 건설공사 현장에서 공구 정리를 하던 협력업체 근로자가 개구부로 추락하여 사망한 사건이었습니다. 이 사건에서는 특히 사고의 경위에 비추어 개구부 추락 방지를 위한 회사의 안전조치의무 위반이 있는지가 문제되었습니다.

노동청은 사고 장소인 개구부가 협력업체에서 무단 시공한 것이고, 회사 측은 이러한 추락 위험을 알고도 안전조치의무 위반을 방치하였다고 보기 어렵다고 판단하여, 산업안전보건법 위반 혐의 성립을 부정하고 내사종결 하였습니다. 중대재해처벌법 위반의 경우, 산업안전보건법 위반이 인정되지 않아 추가 수사 없이 종결되었습니다.

(6) 아파트 건설공사 현장 갱폼 인양작업 중 추락사고 사건 (노동청 내사종결 처분)

이 사건은 아파트 건설공사 현장에서 갱폼 인양작업을 하던 협력업체 근로자가 갱폼 아래로 추락하여 사망한 사건이었습니다. 이 사건에서도 특히 사고의 경위에 비추어 회사의 안전조치의무 위반이 있는지가 문제 되었습니다.

이에 대하여 노동청은 위 사고가 동료 작업자가 착오로 타워크레인 줄걸이를 인양하는 갱폼이 아닌 다른 갱폼에 체결하여 발생하였고, 회사 측은 이러한 위험한 작업을 예견하기 어려웠다고 판단하여, 산업안전보건법 위반 혐의 성립을 부정하고 내사 종결하였습니다. 중대재해처벌법 위반의 경우, 산업안전보건법 위반이 인정되지 않아 추가 수사 없이 종결되었습니다.

2. 중대재해처벌법상 실질적인 지배·운영·관리 요건이 부정된 사례

중대산업재해 사건 중에는 회사가 산업안전보건법상 건설공사발주자에 해당하는지가 문제되는 사건이 많습니다. 산업안전보건법은, "건설공사발주자"란 건설공사를 도급하는 자로서 건설공사의 시공을 주도하여 총괄·관리하지 아니하는 자를 말한다고 규정하여(동법 제2조제10호), 건설공사발주자와 도급인을 구별하는 전제에서 도급인에 대하여만 안전보건조치의무를 부과하고 있습니다. 그런데, 건설공사발주자는 해당 공사 또는 시설·장비·장소 등에 대하여 실질적인 지배·운영·관리를 하였다고 볼 특별한 사정이 없는 이상 중대재해처벌법 제4조 또는 제5조에 따른 책임을 부담하지 않는 경우가 일반적입니다. 따라서, 건설공사발주자 여부가 문제 되는 사안에서는 제반 사정에 비추어 회사에 실질적인 지배·운영·관리 책임이 인정될 수 있을지를 면밀히 살펴보고 대응할 필요가 있습니다.

(1) 공장 배관공사 작업 중 감전사고 사건 (노동청 내사종결 처분)

이 사건은 공장 배관공사 현장에서 배관부품 설치작업을 하던 협력업체(하청) 근로자가 절단된 전선에 감전되어 사망한 사건이었습니다. 이 사건에서는, 공사를 발주한 원청 회사가 산업안전보건법상 건설공사발주자에 해당하는지, 도급인에 해당하는지가 주요한 쟁점이 되었습니다.

노동청은 원청 회사의 경우 배관설치공사가 사업 유지나 운영에 필수적인 업무이거나 사업의 일부를 구성한다고 보기 어렵고 원청 회사와 협력업체의 규모나 전문성 등에 비추어 원청 회사가 해당 시공을 주도하여 총괄·관리하기도 어렵다고 보아 건설공사발주자라고 인정하였습니다. 그에 따라 원청 회사는 건설공사발주자로서 안전보건조치 위반 책임이 없어 산업안전보건법 위반이 인정되지 않았으며, 건설공사발주자로서 실질적인 지배·운영·관리 책임도 없다고 보아 중대재해처벌법 위반도 인정되지 않았습니다.

(2) 시멘트 제조공장 폐기물 운송 중 중독사고 사건
(노동청 내사종결 처분)

이 사건은 시멘트 제조공장 내 폐기물처리장에서 폐기물 운송 작업을 하던 폐기물운송업체 근로자가 황화수소에 중독되어 사망한 사건입니다. 이 사건에서는 시멘트 회사가 폐기물운송업체 근로자에 대한 실질적인 지배·운영·관리 책임이 있는지가 주로 문제 되었습니다.

노동청은 시멘트 회사와 폐기물운송업체 간에 계약관계가 없고(폐기물운송업체는 폐기물배출자로부터 폐기물운송을 의뢰받았고, 시멘트 회사는 폐기물배출자와 폐기물처리계약을 체결한 반면, 폐기물운송업체와는 계약관계 없음), 시멘트 회사가 폐기물운송업체 근로자에 대한 실질적인 지배·운영·관리 책임이 없다고 보아, 시멘트 회사에 중대재해처벌법 위반 책임을 인정할 수 없다고 판단하였습니다.

(3) 택배 업무 이행보조자 사망사고 사건 (노동청 내사종결 처분)

이 사건은 택배 회사의 영업점과 계약한 택배 기사의 지인이 택배 차량에 동승하고 있던 도중 갑자기 건강이 악화되어 사망한 사안입니다. 이 사건에서는 회사가 택배 차량 및 당해 사고에 대하여 실질적인 지배·운영·관리 책임이 있는지가 주로 문제 되었습니다.

노동청은 택배 차량 및 배송지는 택배 기사가 전적으로 관리하고 있고, 택배 회사에 실질적인 지배·운영·관리 책임이 인정된다고 볼 수 없어, 회사에 도급인으로서 산업안전보건법 위반 및 중대재해처벌법 위반 책임을 인정할 수 없다고 판단하였습니다.

3. 중대재해처벌법상 안전보건확보의무 위반이 없다고 판단한 사례

중대재해처벌법 적용 요건에 해당하는 것으로 판단된 사건에서는, 경영 책임자가 중대재해처벌법에서 정한 안전보건 확보의무를 충실히 이행하였다는 점을 충실히 소명하는 것이 매우 중요합니다. 이하의 사례들은 회사가 중대재해처벌법이 정하고 있는 안전보건확보의무를 충실히 이행하였다는 점을 성공적으로 소명하여, 결과적으로 중대재해처벌법 위반이 없다고 판단된 사례들입니다. 이러한 유형에서는 문제 되는 안전보건확보의무의 내용과 해당 의무 이행을 요구하는 취지를 깊게 분석하여, 회사가 해당 의무를 실질적으로 위반한 것이 아니라는 점을 충분히 설명할 필요가 있습니다.

(1) 리조트 고압 수변전실 감전사고 사건 (검찰 불기소 처분)

이 사건은 리조트 옥외 고압 수변전실에서 협력업체 근로자가 감전되어 사망한 사안입니다. 이 사건에서는 경영책임자가 중대재해처벌법 시행령 제4조제3호의 유해 · 위험요인 확인 · 개선 절차 마련 의무, 동조 제7호의 종사자 의견청취 절차 마련 의무, 동조 제9호의 도급·용역·위탁 시 안전보건 평가 기준·절차 마련 의무 등을 이행하였는지가 주로 문제되었습니다.

검찰은 회사가 ① 유해 · 위험요인 확인 · 개선 절차로서 '위험성평가 절차'를 마련하고 주기적으로 위험성평가를 실시해 오고 있고, ② 종사자 의견청취 절차로서 '안전보건 협의체'를 매월 1회 이상 구성하여 운영해 오고 있고, ③ 도급·용역·위탁 시 안전보건 평가 기준·절차도 관련 규정을 신설하여 운영해 오고 있음을 인정하여, 중대재해처벌법 위반이 없다고 판단하였습니다.*

* 이 사건은 중대재해처벌법 시행 직후 사고로서 최초 반기 점검 시기가 도래하지 않아 반기 점검 이행 여부는 문제되지 않았습니다.

(2) 대형아울렛 지하주차장 화재사고 사건 (검찰 불기소 처분)

이 사건은 대형아울렛 지하주차장에서 화재가 발생하여 협력업체 근로자 다수가 사망한 사안이었습니다. 이 사건에서는, 중대재해처벌법 시행령 제4조제5호의 안전보건관리책임자등에 대한 평가기준 마련 및 평가 의무, 동조 제7호의 종사자 의견청취 절차 마련 및 점검 의무, 동조 제8호의 비상대응매뉴얼 마련 및 점검 의무, 중대재해처벌법 제4조제1항제4호의 안전보건 관계법령 의무 이행 점검 의무 등을 충실히 이행하였는지가 주된 쟁점이 되었습니다.

검찰은 회사가 기존부터 운영해 오던 ① 분기별 사업장 평가제도, ② 산업안전보건위원회, 안전보건협의체, 안전 제안채널, ③ 위기관리 매뉴얼, 위기대응 행동요령, 주차장 화재 시 대응방안 지침, ④ 분기별 사업소 안전보건 현황점검 등을 중대재해처벌법상 안전보건 확보의무 내용에 부합하는 것으로 볼 수 있다고 판단하여, 중대재해처벌법 위반이 없다고 판단하였습니다.

이상과 같이 최근 중대재해 사건들에서 수사기관이 불기소 처분 내지 내사종결의 이유로 삼은 판단 기준 및 근거는, 회사가 구축한 안전보건 관리체계의 적정성과 안전보건 확보의무 이행의 적법성 재검토하고 판단함에 있어서도 중요한 참고 기준이 될 수 있을 것입니다. 중대재해처벌법은 현장에서의 안전보건조치의무 이행을 넘어 전사적인 안전보건 관리체계 구축 및 주기적·지속적인 점검과 보완을 요구하고 있으므로, 위와 같은 최근 수사 사례를 참고하여 동법상 안전보건 확보의무의 이행 수준을 향상시키고 중대재해의 발생을 예방하는 것이 바람직합니다.

1 | 경영자 리더십

실행전략 1 안전보건에 대한 의지를 밝히고, 목표를 정합니다.

경영방침 수립 POINT

① 사업 또는 사업장의 유해·위험 특성 및 규모 고려 여부

② 사업 또는 사업장의 모든 근로자(도급·용역·위탁 포함)의 안전보건 확보, 근로자 참여 활성화, 관련된 법규 준수에 관한 경영자의 의지 포함 여부

③ 사업주 또는 경영책임자는 안전보건방침에 서명과 시행일을 명기하여 조직의 모든 구성원 및 이해관계자가 쉽게 접할 수 있도록 공표하였는지 여부

안전보건 목표 수립 POINT

① 기업 전체, 본사, 사업부서별, 현장별, 팀별 목표를 설정 여부

② 목표에 재해자 수 등 결과지표와 더불어 안전보건활동 등 과정지표 포함 여부

③ 안전보건에 관한 노력의 적절한 반영을 위한 목표의 적정성에 대한 정기적 검토 여부

※ 목표설정 예시

» 경영방침 게시 건수(온오프라인)

» 안전보건 경영방침에 대한 근로자 인지율

» 안전보건 예산 · 인력 증감률

» 근로자의 위험요인 · 아차사고 신고 건수

» 산업안전보건위원회 개최 건수

» 위험요인 발굴 건수

» 기계 · 설비의 정기검사 실시율

» 안전작업절차서 도입 · 개선 건수

» 작업허가제 등 도입 · 개선 건수

» 산업안전보건교육 이행률

» '재해시나리오별 조치계획' 수립 건수

» 비상조치계획 훈련 건수

안전보건 회의체 운영 예시

회의체	참여대상	운영 주기
CEO 간담회 (최고회의)	CEO 및 부서 본부장 등	격월 1회
기술안전운영위원회 (전체회의)	안전담당 임원 및 안전 관련 팀장 (안전관리자, 보건관리자), 부서별 관리자, 기술안전지원팀장	매주 1회
안전보건간담회 (부서별 회의)	사업부서 (공정별) 책임자, 관리감독자, 현장 근로자 등	매주 1회
※ 안전점검의 날 : 매월 4일, CEO, CSO 및 전 임원 2인1조 현장방문 점검		

실행전략 2 안전보건에 필요한 자원을 배정합니다.

안전보건 회의체 운영 예시

① 설비 및 시설물에 대한 안전점검, 위험설비 자동화 등 안전시설 개선 비용 포함 여부

② 근로자 안전보건교육 훈련 비용 포함 여부

③ 안전관련 물품 및 보호구 등 구입 비용 포함 여부

④ 작업환경측정 및 특수건강검진 비용 포함 여부

⑤ 안전진단 및 컨설팅 비용 포함 여부

⑥ 작업환경개선 및 근골격계질환 예방 비용 포함 여부

⑦ 안전보건활동을 위한 적정 인력 구성을 위한 비용 포함 여부

⑧ 기업내 안전문화 조성 및 개선을 위한 활동 비용 포함 여부

⑨ 안전보건활동 계획 실행을 위한 비용 포함 여부

안전보건 조직·인력 확보 POINT

① 사업장에 안전보건 확보를 위한 충분한 인력*이 있는지 확인

* 산업안전보건법에 따라 정해진 수 이상의 안전관리자, 보건관리자, 안전보건관리 담당자 등을 배치하고 겸직 시 업무수행시간 보장 (중대법 시행령 제4조 제6호)

→ 단, 산안법상 규정 인력은 최소한의 법정 의무로 사업장의 위험요인별 개선 사항 등을 검토하여 필요 시 그 이상으로 인력을 확보할 수 있도록 조치

② 사업장 안전보건 확보를 위한 안전보건 조직*의 제안이 원활하게 이행될 수 있는 조직체계 구성 여부 확인 (경영자 지속 기구 배치 등)

③ 안전관리를 위탁하는 중소기업의 경우, 안전관리전문기관의 기술지도 내용을 경영책임자 또는 사업주가 직접 검토하여 개선방안을 마련하는지 여부 확인

실행전략 3 구성원의 권한과 책임을 정하고, 참여를 독려합니다.

구성원 권한 및 책임 부여 POINT

① 안전보건 조직의 통제 능력이 유지되도록 권한 및 책임 부여 여부

② 안전보건 조직의 통제 능력이 유지되도록 조직체계를 구축 여부

③ 동일한 작업장소에서 작업하는 책임자간의 협조체제를 구축 여부

④ 조직 내의 유해·위험요소를 통제하기 위하여 기술적 문제뿐만 아니라 인적 요소를 고려한 안전보건 관리 여부

〈경영자 리더십 관련 중대재해처벌법 시행령 규정〉

제4조(안전보건관리체계의 구축 및 이행 조치) 법 제4조 제1항 제1호에 따른 조치의 구체적인 사항은 다음 각 호와 같다.

1. 사업 또는 사업장의 안전 · 보건에 관한 목표와 경영방침을 설정할 것

2. 「산업안전보건법」 제17조부터 제19조까지 및 제22조에 따라 두어야 하는 인력이 총 3명 이상이고 다음 각 목의 어느 하나에 해당하는 사업 또는 사업장인 경우에는 안전 · 보건에 관한 업무를 총괄 · 관리

하는 전담 조직을 둘 것. 이 경우 나목에 해당하지 않던 건설사업자가 나목에 해당하게 된 경우에는 공시한 연도의 다음 연도 1월 1일까지 해당 조직을 두어야 한다.

가. 상시근로자 수가 500명 이상인 사업 또는 사업장

나. 「건설산업기본법」 제8조 및 같은 법 시행령 별표 1에 따른 토목건축공사업에 대해 같은 법 제23조에 따라 평가하여 공시된 시공능력의 순위가 상위 200위 이내인 건설사업자

4. 다음 각 목의 사항을 이행하는 데 필요한 예산을 편성하고 그 편성된 용도에 맞게 집행하도록 할 것

가. 재해 예방을 위해 필요한 안전·보건에 관한 인력, 시설 및 장비의 구비

나. 제3호에서 정한 유해·위험요인의 개선

다. 그 밖에 안전보건관리체계 구축 등을 위해 필요한 사항으로서 고용노동부장관이 정하여 고시하는 사항

5. 「산업안전보건법」 제15조, 제16조 및 제62조에 따른 안전보건관리책임자, 관리감독자 및 안전보건총괄책임자가 같은 조에서 규정한 각각의 업무를 각 사업장에서 충실히 수행할 수 있도록 다음 각 목의 조치를 할 것

가. 안전보건관리책임자등에게 해당 업무 수행에 필요한 권한과 예산을 줄 것

나. 안전보건관리책임자등이 해당 업무를 충실하게 수행하는지를

평가하는 기준을 마련하고, 그 기준에 따라 반기 1회 이상 평가 · 관리할 것

6. 「산업안전보건법」 제17조부터 제19조까지 및 제22조에 따라 정해진 수 이상의 안전관리자, 보건관리자, 안전보건관리담당자 및 산업보건의를 배치할 것. 다만, 다른 법령에서 해당 인력의 배치에 대해 달리 정하고 있는 경우에는 그에 따르고, 배치해야 할 인력이 다른 업무를 겸직하는 경우에는 고용노동부장관이 정하여 고시하는 기준에 따라 안전 · 보건에 관한 업무 수행시간을 보장해야 한다.

참고1 안전보건 경영방침 예시

안전보건경영방침

OOO사는 기업 경영활동 전반에 있어서 전 사원의 안전보건이 기업의 모든 활동에 최우선하는 경영원칙에 따라 법규 및 이해관계자 등의 요구사항에 부합하는 안전보건관리체계를 구축하고, 전 직원이 안전하고 쾌적한 직장생활을 누릴 수 있도록 최선을 다한다.

이를 위하여 다음과 같은 안전보건활동을 통하여 지속적으로 안전보건환경을 개선한다.

1. 기업경영 활동에서 안전보건을 최우선으로 하여 안전보건관리체계를 구축하고,최고경영자는 방침을 효율적으로 실행하기 위한 인적·물적 자원을 제공한다.
2. 안전보건 경영목표 및 세부목표를 설정하고, 이를 달성하기 위한 계획을 수립하여 실행한다.
3. 산업안전보건법 등 안전보건 관계 법규 및 관련 규정을 만족하는 내부 관리규정을 수립하여 충실히 이행한다.
4. 안전보건관리체계 운영과정에서 모든 공급자와 계약자가 우리의 안전보건 방침과 안전 요구사항을 준수하도록 한다.
5. 모든 사원에게 안전보건관리체계를 이해시키고, 교육훈련을 실시한다.
6. 모든 사원은 안전보건활동에 대한 책임과 의무를 성실히 준수토록 한다.

○○○○ 년 ○○ 월 ○○ 일

○○ 회사 대표이사 (서명)

참고2 예산편성표 작성 예시

(단위 : 백만원)

구분	2025	2024
위험시설 정비 및 개보수		
안전시스템 구축		
안전인력 육성 및 교육		
안전보건 중장기 계획 추진		
안전보건인증 획득		
안전시설 신규 건설 및 투자		
예비비		

* 24년은 결산기준, 25년은 편성기준으로 작성

□ (위험시설 정비 및 개보수) 00억원, 주요 내용 기술

□ (안전보건시스템 구축) 00억원, 주요 내용 기술

□ (안전인력 육성 및 교육) 00억원, 주요 내용 기술

□ (안전보건 중장기 계획 추진) 00억원, 주요 내용 기술

□ (안전보건인증 획득) 00억원, 주요 내용 기술

□ (안전시설 신규 투자) 00억원, 주요내용 기술

□ (예비비) 00억원, 주요내용 기술

참고3 안전보건 실행계획(교육)'일정'예시

연간 교육계획	결재	작 성	검 토	승 인

NO	교육구분			교육 과정	일정												대상 인원 (명)	교육방법 (내 · 외부)	비고
	산업 안전 보건	안전 보건 관리 체계	도급 용역 위탁		1월	2월	3월	4월	5월	6월	7월	8월	9월	10월	11월	12월			
1	○			근로자 정기 안전보건교육	○			○			○			○			30 명	집체(내부)	
2	○			신규 채용 시 안전보건교육													발생시	집체(내부)	
3	○			관리감독자 안전보건교육	○			○			○			○			9 명	집체(외부)	
4	○			특별안전보건 교육													발생시	집체(내부)	
5	○			비상조치계획 교육 및 훈련					○						○		전 사원	집체(내부)	
6	○			물질안전보건 교육							○						2 명	집체(내부)	
7		○		위험성평가 교육		○											10명	집체(외부)	
8	○			작업내용 변경자 교육													발생시	집체(내부)	
9			○	안전보건관리체계 교육			○						○				전 사원	집체(내부)	
10			○	특별안전보건 교육													발생시	집체(내부)	

2 | 근로자 참여

실행전략 1 **안전보건 관리 전반에 관한 정보를 공개합니다.**

주요 안전보건 관련 정보

① (법규) 산업안전보건법령의 주요 내용, 안전보건관리규정, 안전보건활동별 내부규정

② (안전보건회의체) 산업안전보건위원회 의결사항, 안전보건 관련 회의 결과

③ (위험 · 유해 요인) 유해·위험요인 및 제거·대체·통제 방안, 안전작업절차, 산업재해 원인조사 및 재발방지 대책 등

④ (안전보건관리체계 참여) 구성원 참여 절차 등 안전보건관리체계 전반

실행전략 2 **모든 구성원이 참여할 수 있는 절차를 마련합니다.**

근로자 참여 절차 예시

① 사업주, 근로자대표 등이 참여하는 산업안전보건위원회 구성 · 운영

② 기업의 여건에 맞게 사업장, 부서, 현장, 공정단위로 작업 전 안전미팅(Tool Box Meeting: TBM) 도입

③ 안전보건관련 문제점이나 개선방안을 누구나 자유롭게 신고 · 제안할 수 있는 신고절차(안전제안활동)를 마련하고 익명성을 보장

※ 근로자 참여 절차 예시

작업전 안전미팅(TBM)	안전제안 활동
» (개요) 작업시작 전, 현장에서 소규모로 단시간에 실시하는 회의로 안전확보를 위한 세부 작업방법 등을 논의하고 결정 » (유의사항) 관리감독자는 주요 위험요인을 공유하고 자유로운 토의를 유도 - '안전한 작업방법' 선택을 목적으로 논의 - 가급적 전원이 합의한 작업방법으로 결정 - 회의 종료 전, 관리감독자는 기본 안전수칙 준수, 개인보호구 착용 등을 재강조 - 이행결과 안전보건이 확보되고 효율적인경우에는 공식적인 작업절차에 반영	» (개요) 근로자에게 정기적으로 위험관리를 위한 의견을 제안받는 활동 » (유의사항) 제안 형식은 간소화하고, 제안을 독려하는 분위기를 조성 - 제안 채택 여부는 공식적으로 결정하고 (사내 심사위원회 구성 등) - 채택된 제안은 공개하고, 우수 제안자에게 표창 등 인센티브 부여 - 모든 제안은 기록으로 남기고, 향후 안전보건관리체계 개선 등에 활용

모든 구성원의 참여 절차 마련 POINT

① 도급인 · 수급인 안전보건협의체(산안법 제64조제1항제1호) 등 활용하여 수급인의 의견을 수렴할 수 있는 절차 마련

② 사업장 내에서 수급인 · 공급업체 등의 직원이 참여하는 경우 수급인 등과의 사전협의를 통해 작업 전 안전미팅을 실시할 수 있도록 조치

③ 수급인 근로자 등을 포함한 사업장 全직원이 참여하는 안전보건활동 실시

※ 예시) 상·하반기 1회 전직원이 참여하는 '안전강조주간' 운영

월	· 출근 시안전 캠페인 · 초산 탱크로리차량점검 및 누출사고대응 훈련
화	· 불시 비상대응훈련(화재 or 케미칼 누출) · 안전환경 자체 감사결과 공유 및 설명회
수	· 사고사례 안전워크숍 · 전문가 초빙 안전교육 · 금연 / 절주홍보관 체험
목	· 안전준수서약서 서명식 · 초산 탱크로리 차량 주행 중 안전운행 평가
금	· 소화기방사훈련 · 안전강조주간 소식지 배포

· 안전슬로건 게시 (예: 안전하지 않으면 실행하지 않는다)

· 안전준수다짐 5분 사내방송 (점심식사 전 11:55분~12:00, 팀별 1명 순번제)

· 안전표어 공모 (수상작은 차기 정기보수 현수막 부착)

· 사고사례 전시회 (국내외, 합작선 사고사례)

실행전략 3 자유롭게 의견을 제시할 수 있는 문화를 조성합니다.

근로자 참여 문화 조성 POINT

① 사업주, 경영책임자가 주도적으로 나서 근로자의 참여 유도

ex) 안전경영설명회:
대표이사가 직접 근로자 등을 대상으로 안전보건 개선책 등 설명

② 위험요인 신고, 제도개선 제안 등에 대한 인센티브 마련, 신고 · 제안자에게 불이익 금지

③ 안전보건 참여 활동은 근무시간으로 인정

※ 근로자 참여 안전보건활동 예시

» 안전보건관리체계 목표 설정

» 부서별 · 공정별 위험요인 파악 및제거 · 관리, 통제방안 마련

» 안전작업 지침 작성 및 문서화

» 안전절차 수립 및 개정

» 사내 산업재해 발생원인 분석 및재발방지 대책 마련

» 근로자 교육훈련 프로그램 개발 및 평가

» 작업환경측정, 특수건강진단 결과 모니터링

» 현장 안전점검 실시

〈근로자 참여 관련 중대재해처벌법 시행령 규정〉

제4조 (안전보건관리체계의 구축 및 이행 조치) 법 제4조제1항제1호에 따른 조치의 구체적인 사항은 다음 각 호와 같다.

7. 사업 또는 사업장의 안전 · 보건에 관한 사항에 대해 종사자의 의견을 듣는 절차를 마련하고, 그 절차에 따라 의견을 들어 재해 예방에 필요하다고 인정하는 경우에는 그에 대한 개선방안을 마련하여 이행하는지를 반기 1회 이상 점검한 후 필요한 조치를 할 것. 다만, 「산업안전보건법」 제24조에 따른 산업안전보건위원회 및 같은 법 제64조 · 제75조에 따른 안전 및 보건에 관한 협의체에서 사업 또는 사업장의 안전 · 보건에 관하여 논의하거나 심의 · 의결한 경우에는 해당 종사자의 의견을 들은 것으로 본다.

3 | 위험요인 파악

실행전략 1 위험요인에 대한 정보를 수집하고 정리합니다.

위험요인 수집 · 정리 POINT

① 위험요인 파악은 주기적으로 실시 (정기파악), 사고발생, 기계·장비 도입, 공정변화, 등 위험요인 정보 변경 사유가 발생 시 수시 (수시파악) 실시

② 위험요인 유형별(위험기계 · 기구, 유해인자, 위험장소, 작업형태) 기록 · 관리

③ 위험요인 파악 시 안전담당 인력뿐 아니라 현장의 근로자 참여

④ 수시로 위험요인이 발굴될 수 있도록 신고절차 운영

※ 위험요인 파악 시 참고 자료

» 사고조사보고서 등 과거의 재해 보고서

» 기계, 장비 등 보유 현황 및 설명서

» 공정별 작업절차도

» 화학물질 제조업체가 제공하는 MSDS

» 안전모, 마스크 등 안전장비 보유 현황

» 외부 전문기관의 지도 · 점검 결과

» 작업환경측정 결과

» 근로자 교육자료

실행전략 2 산업재해 및 아차사고를 조사합니다.

산업재해 · 아차사고 조사 POINT

① '아차사고 공유 채팅방 개설', '아차사고 발굴자 포상제' 도입 등 발굴 노력

② 사고조사 시 해당 작업자의 참여 및 동종 유사 위험요인을 포함한 재발방지 대책 마련

③ 조사결과와 재발방지 대책의 경영책임자, 사업주 보고

※ 산업재해 · 아차사고조사 절차 예시

조사대상	조사시점	조사팀	조사보고서 결재	재발방지대책 및 개선결과 결재	비고
중대재해	즉시	안전부서, 생산부서, 사고부서장 및 근로자	최고경영자	최고경영자	위험성평가 및 특별점검 실시
중상해재해	즉시	안전부서, 생산부서, 사고부서장 및 근로자	안전보건관리책임자 결재 후 주기적으로 최고경영자 보고	안전보건관리책임자 결재 후 주기적으로 최고경영자 보고	위험성평가 및 특별점검 실시
경미한 재해	24시간 내	사고부서장 및 근로자	사고부서장 결재 후 주기적으로 최고경영자 보고	해당부서장 결재 후 주기적으로 최고경영자 보고	사례집 발간
아차사고	서면보고	해당부서장, 근로자	해당부서장 결재 후 주기적으로 최고경영자 보고	해당부서장 결재 후 주기적으로 최고경영자 보고	사례집 발간

실행전략 3 위험기계·기구·설비 등을 파악합니다.

위험기계 · 기구 · 설비 파악 POINT

① 모든 기계 · 기구 · 설비 파악 및 관련 위험 유무 목록화

② 산업재해 · 아차사고가 발생 기계 위험요인 분류

③ 기계 · 기구 · 설비별 위험요인을 제거 · 통제하기 위한 관리방안, 예산, 책임자 등 지정 및 주기적 관리

※ 위험 기계 · 기구 · 설비 관리대장 예시

순번	기계 · 기구 · 설비명 (관리번호)	용량	단위 작업 장소	수량	검사대상	방호장치	점검 주기	발생가능 재해형태
1	프레스	10ton	1번 라인	5	산안법 안전검사	광전자식	3개월	끼임
	지게차							부딪힘

실행전략 4 유해인자를 파악합니다.

유해인자 파악 POINT

① 유해·위험 화학물질 목록화

② 물리적 인자(소음 등), 인간공학적 인자(근골격계 등) 확인 및 관리

③ 주기적 관리

※ 유해 · 위험 화학물질 관리대장 예시

화학물질명	CAS No	폭발한계(%)		노출기준	인화점(℃)	발화점(℃)	발암성	유해성 위험성 구분	산업안전보건법에 따른 관리기준	일일 사용량	저장량	비고
		하한	상한									

실행전략 5 위험장소 및 작업형태별 위험요인을 파악합니다.

작업내용별 위험요인 확인 POINT

① 비정형 작업* 위험요인 관리

* 비정형작업: 상시적으로 이뤄지는 작업이 아닌 특정 사건 발생에 따라 (신규설치, 정비 · 점검) 또는 여러 공간(운반, 상 · 하역 등)에서 이뤄지는 정형화되지 않는 작업

② 작업별 위험요인을 파악 및 관리를 위한 공식화된 절차* 운영

* ①신규작업 등의 위험요인 파악 → ②고위험 작업의 경우 안전작업절차 마련 → ③도급 · 용역의 경우 작업의 안전성 확인 후 허가 → ④주기적 확인

③ 작업의 위험요인은 작업장소, 기계 · 기구 · 설비, 유해인자, 재해유형과 연계 파악

※ 작업별 위험 관리대장 예시

단위 작업 장소	작업내용	위험 코드	관련 기계 · 기구 · 설비 (관리번호)	화학물질명 (CAS No)	발생 가능 재해형태	관련 협력 업체	위험성	비고
P1 구역	지게차 이용 운반작업	H-P1-01	지게차 (00000)	-	부딪힘	無	고	작업지휘자 배치
Q2 구역	화학물질 보충 작업		ㅇㅇ탱크 (00000)	톨루엔 ()	화재 · 폭발	有	고	작업허가서 발급 대상

고위험장소 파악 · 관리 POINT

① 폭발위험, 밀폐공간, 추락 등 고위험장소의 경우 별도로 파악하여 관리

② 해당 장소의 위험성을 확인할 수 있도록 출입금지 등 안전보건표지 부착

③ 해당 장소에서 이뤄지는 '위험도가 높은 작업'의 경우 작업허가절차를 통해 관리

※ 작업허가절차 예시

작업허가대상 공지
내부규정

작업허가 요청
작업자

안전조치 확인 및 작업허가
안전부서

작업 개시
작업자

〈위험요인 확인 관련 중대재해처벌법 시행령 규정〉

제4조(안전보건관리체계의 구축 및 이행 조치) 법 제4조제1항제1호에 따른 조치의 구체적인 사항은 다음 각 호와 같다.

3. 사업 또는 사업장의 특성에 따른 유해 · 위험요인을 확인하여 개선하는 업무절차를 마련하고, 해당 업무절차에 따라 유해 · 위험요인의 확인 및 개선이 이루어지는지를 반기 1회 이상 점검한 후 필요한 조치를 할 것. 다만, 「산업안전보건법」 제36조에 따른 위험성평가를 하는 절차를 마련하고, 그 절차에 따라 위험성 평가를 직접 실시하거나 실시하도록 하여 실시 결과를 보고받은 경우에는 해당 업무절차에 따라 유해 · 위험요인의 확인 및 개선에 대한 점검을 한 것으로 본다.

4 | 위험요인 제거·대체 및 통제

실행전략 1 위험요인별 위험성을 평가합니다.

위험성 평가 POINT

① 발굴한 위험요인은 유형별 분류하여 기록하여 관리

② 각각의 위험요소에 대해 사고발생 가능성(빈도)과 중대성(강도)을 예측하여 위험의 정도 평가

③ 공식 절차에 따라 위험성 평가를 상시 · 주기적으로 실시

※ 위험성평가 절차

* 위험성평가 지침 해설서(산업안전보건공단 홈페이지)

» 유해 · 위험요인의 파악 (근로자 참여)

» 파악된 유해 · 위험요인별 위험성의 추정

» 추정한 위험성이 허용 가능한 위험성인지 여부의 결정

» 위험성 감소대책의 수립 및 실행

» 위험성평가 실시내용 및 결과 기록

실행전략 2 위험요인별 제거·대체 및 통제방안을 검토합니다.

위험요인별 개선방안 마련 POINT

① 제거 → 대체 → 통제 → 개인보호구 순으로 검토

② 위험요인별 가능한 복수의 방안을 검토

③ 현장의 근로자 의견 수렴 및 관련 전문가의 자문 등 활용

④ 개선방안에 대한 경영책임자 · 사업주 등의 검토

※ 위험요인별 제거 · 대체 및 통제방안 예시

위험요인	제거·대체	공학적 통제	행정적 통제	PPE방안
유해 화학물질	유해물질 제거 또는 저독성 물질로 대체 * 예 : 메탄올→에탄올	국소배기 장치 설치, 누출방지 조치 등	작업절차서 준수, 작업환경 측정을 통한 노출관리	방독 마스크, 내화학장갑, 보안경 등 착용

위험기계 · 기구 · 설비 점검 · 정비 POINT

① 위험도 등급, 기계 · 기구 · 설비의 특성에 따라 점검 주기 차등화 관리

② 고위험 기계 · 기구 · 설비의 경우 주기적인 예방정비 수행

» 정비: 기기의 성능점검결과 이상의 징후가 있거나 허용범위를 벗어난 결함 및 고장이 있을 경우 기기의 성능을 지속적으로 유지하기 위하여 이상이나 결함을 제거하는 정비 또는 교체작업을 말함

» 예방정비: 기기별로 제작자가 추천한 정비 주기 또는 정비 이력에 따라 사전에 정해진 정비 주기에 따라 행하는 정기 정비를 말함

» 예측정비: 특정기기에 대하여 실시간으로 기기의 성능상태를 모니터링하여 정비일자를 예측하여 행하는 정비를 말함

» 고장정비: 기기가 갑작스럽게 제 기능을 발휘하지 못하거나 고장이 났을 때 행하는 정비를 말함

사업장명 : ____________ 단위공장명 : ____________

대분류	소분류	중요도 등급	해당기기 번호(Item No)	점검주기						정비구분				비고
				일상점검	2주	1개월	3개월	6개월	년차보수	운전정비	예방정비	예측정비	고장정비	
압력용기와 저장탱크	Reactor	A	R-101, R-102, R-103	○	○				○	○	○	○	○	
계통설비		B	R-104, R-105	○		○			○	○	○		○	
		C	R-106	○			○			○			○	
		D	-	○				○					○	
회전기기	Centrifugal	A	P-101, P-102, P-103, P-104	○	○				○	○	○	○	○	
	pump	B	P-106, P-109, P-115	○		○			○	○	○		○	
		C	P-105, P-107, P-108	○			○			○	○		○	
		D	P-110, P-111, P-112, P-112, P-113, P-114	○				○					○	

공정변경 위험요인 통제 절차

① 변경을 실시하려는 부서는 변경 개요 등을 포함한 안전관련 검토사항을 정리한 변경관리요구서를 안전보건 부서에 제출

〈변경 시 사전 검토내용〉

- 변경설비의 기본 및 상세 설계
- 변경 설비의 안전·보건에 관한 사항
- 변경 설비 · 작업 위험성 평가
- 안전운전절차서, 안전작업절차서 변경
- 작업자, 운전자, 보수작업자 교육 필요 여부
- 변경 공정의 검사, 점검 · 정비에 관한 사항

② 안전보건 부서는 변경관리요구서를 검토한 후 공정기술자, 정비기술자, 운전기술자, 안전보건 담당자 등을 포함한 검토회의를 개최

③ 검토회의 결과 전문적인 검토가 필요한 항목은 전문가를 지정하여 검토

④ 검토 결과를 토대로 변경 시행여부 결정

⑤ 변경 후 안전보건관리체계에 반영할 사항 반영

※ 변경 관리 서식 예시

변경 관리 번호	
부서	
공정	
설비명	
변경내용	
변경 요구서	
변경 검토서	
변경 완료	
위험성 평가	
안전 운전 절차	
가동 전 점검	
설비 등급 분류	
비상 조치 계획	
교육	

고위험 작업 재해예방기법

① 작업 허가제

- 개요 위험 작업 시 안전조치 후 소관 상급부서 또는 안전부서의 확인 및 승인을 거쳐 작업을 실시하는 안전관리 기법
- 절차 안전작업허가 신청(작업자) → 안전조치 확인 및 허가(안전담당자) → 작업(작업자) 및 감독(안전담당자) → 완료확인 및 허가서 보존(안전담당자)

② LOTO(Lock Out, Tag Out) 작업절차

- 개요 기계의 정비 · 수리 등 작업을 위해 가동을 중지할 경우, 제3자의 재가동을 방지하도록 잠금장치* 또는 표지판을 설치하는 관리기업

  * 전기 잠금장치, 스위치 잠금장치, 게이트밸브 잠금장치 등
- 절차 전원차단 준비 → 기계설비 운전 정지 → 전원 차단 및 잔류에너지 확인 → LOTO설치(담당자) → 기계·설비 정비·청소·수리 등 작업실시 → 기계·설비 안전 확인 → LOTO 해제(담당자) → 재가동

실행전략 3 종합적인 대책을 수립하고 이행합니다.

종합대책 수립 POINT

① 위험유형별 개선방안을 종합하여 총괄적인 위험관리계획 수립

② 권한과 책임이 명확하게 될 수 있도록 개선방안별 담당부서, 담당팀 지정

③ 종합대책에는 위험요인별 개선 시기 및 위험요인 확인·제거 등을 위한 점검·정비주기를 구체적으로 제시

④ 종합대책은 경영자 또는 사업주의 검토와 확인하에 확정하고, 필요한 자원(예산·인력 등) 배정방안 마련

⑤ 종합대책이 확정되면, 모든 구성원(도급·용역 등 포함)이 공유하고 이행

실행전략 4 교육훈련을 실시합니다.

교육훈련 POINT

① 모든 구성원이 자신의 직무와 관련된 위험요인을 인지하고, 안전작업절차 등 위험요인의 통제기법을 알 수 있도록 교육 · 훈련 실시

② 모든 구성원이 적극적으로 안전보건활동에 참여할 수 있도록 교육하고, 사업주가 안전보건관리체계를 강의하는 등 교육 효과성 제고

③ 급박한 위험에 따른 대응훈련을 주기적으로 실시

④ 교육훈련 내용은 동영상 및 문서로 정리, 사내 인트라넷 등에 기재

⑤ 정기적으로 교육 및 훈련 실시

※ 교육대상별 · 교육유형별 최저 교육시간

구분		신규교육	정기교육 / 보수교육	작업내용 변경시(1회)	특별교육 (1회)
근로자	일반	▸8시간	▸(일반) 분기별 6시간 ▸(사무직) 분기별 3시간 ▸(관리감독자) 연 16시간	▸2시간	▸16시간
	일용	▸1시간	-	▸1시간	▸2시간
특고	일반	▸2시간	-	-	▸16시간
	단기 · 간헐	▸1시간	-	-	▸2시간
안전보건 업무 담당자	안전보건관리 책임자	▸6시간 이상	▸6시간 이상(2년 주기)	-	-
	안전관리자/ 보건관리자	▸34시간 이상	▸24시간 이상(2년 주기)	-	-
	안전보건 관리담당자	-	▸8시간 이상(2년 주기)	-	-

〈위험요인 제거·통제 관련 중대재해처벌법 시행령 규정〉

제4조(안전보건관리체계의 구축 및 이행 조치) 법 제4조제1항제1호에 따른 조치의 구체적인 사항은 다음 각 호와 같다.

3. 사업 또는 사업장의 특성에 따른 유해 · 위험요인을 확인하여 개선하는 업무절차를 마련하고, 해당 업무절차에 따라 유해 · 위험요인의 확인 및 개선이 이루어지는지를 반기 1회 이상 점검한 후 필요한 조치를 할 것. 다만, 「산업안전보건법」 제36조에 따른 위험성평가를 하는 절차를 마련하고, 그 절차에 따라 위험성 평가를 직접 실시하거나 실시하도록 하여 실시 결과를 보고받은 경우에는 해당 업무절차에 따라 유해 · 위험요인의 확인 및 개선에 대한 점검을 한 것으로 본다.

참고1 변경관리 서식 예시

<table>
<tr><td colspan="5">변 경 요 구 서</td><td rowspan="3">결
재</td><td>담당</td><td>부서장</td><td>사업주</td></tr>
<tr><td rowspan="4">변경
요구
부서</td><td>문서번호</td><td></td><td>발의일</td><td></td><td rowspan="2"></td><td rowspan="2"></td><td rowspan="2"></td></tr>
<tr><td>변경요구부서</td><td></td><td>발의자</td><td></td></tr>
<tr><td colspan="4">변경요소 및 변경개요
(도면 및 기타 서류첨부)</td><td colspan="4">변 경 기 간</td></tr>
<tr><td colspan="4"></td><td colspan="4">2025. . ~ 2025. .</td></tr>
<tr><td rowspan="13">변
경
관
리
위
원
회</td><td colspan="2">접수번호</td><td colspan="2"></td><td colspan="2">접수일자</td><td colspan="2"></td></tr>
<tr><td colspan="2">직 책</td><td>이 름</td><td>서 명</td><td colspan="2">검 토 항 목</td><td colspan="2">검 토 의 견</td></tr>
<tr><td colspan="2">공장장</td><td></td><td></td><td colspan="2"></td><td colspan="2"></td></tr>
<tr><td colspan="2">안전담당자</td><td></td><td></td><td colspan="2"></td><td colspan="2"></td></tr>
<tr><td colspan="2">신규사업팀장</td><td></td><td></td><td colspan="2"></td><td colspan="2"></td></tr>
<tr><td colspan="2">생산부서장</td><td></td><td></td><td colspan="2"></td><td colspan="2"></td></tr>
<tr><td colspan="2">품질관리부서장</td><td></td><td></td><td colspan="2"></td><td colspan="2"></td></tr>
<tr><td colspan="2">기전팀장</td><td></td><td></td><td colspan="2"></td><td colspan="2"></td></tr>
<tr><td colspan="2">계전팀장</td><td></td><td></td><td colspan="2"></td><td colspan="2"></td></tr>
<tr><td colspan="2"></td><td></td><td></td><td colspan="2"></td><td colspan="2"></td></tr>
<tr><td colspan="2"></td><td></td><td></td><td colspan="2"></td><td colspan="2"></td></tr>
<tr><td colspan="8">승인여부 : 승인 ( ) 미승인 ( ) 승인일자 : . . 발송일자 : . .</td></tr>
<tr><td colspan="8">사유 및 조건</td></tr>
<tr><td>최종완료
확인</td><td colspan="8">2025 년 월 일 위원장 : (서명)</td></tr>
</table>

참고2 작업허가서 서식 예시

화기작업 허가서

허가번호 : 허가일자 :

신 청 인 : 부서__________직책__________성명__________(서명)

작업허가기간 : 년 월 일 시 부터 시까지

작업장소 및 설비(기기)	작 업 개 요	보충적인 허가 필요여부
정비작업 신청번호 : 작업지역 : 장치번호 : 장 치 명 :		밀폐공간출입작업 : □ 고 소 작 업 : □ 정 전 작 업 : □ 중장비사용작업 : □ 굴 착 작 업 : □ 기 타 허 가 : □ 방사선사용작업 : □

안전조치 요구사항

* 필요한 부분에 표시, 확인은 Ⓥ 표시

o 작업구역 설정(출입경고 표지)	□ ○	o 비산불티차단막 설치	□ ○
o 가스 농도 측정	□ ○	o 정전/잠금/표지부착	□ ○
o 분진 농도 측정	□ ○	o 환기장비	□ ○
o 밸브차단 및 차단표지부착	□ ○	o 조명장비	□ ○
o 맹판설치 및 표지부착	□ ○	o 소 화 기	□ ○
o 용기개방 및 압력방출	□ ○	o 안전장구	□ ○
o 위험물질방출 및 처리	□ ○	o 안전교육	□ ○
o 용기내부 세정 및 처리	□ ○	o 운전요원의 입회	□ ○
o 불활성가스 치환 및 환기	□ ○		

기타특별 요구사항		첨부서류	o 차단밸브 및 맹판설치 위치표시 도면 o 소화기 목록 o 소요안전장구 목록 o 특수작업절차서 o 보충작업허가서	□ □ □ □ □

	물질명	결과	측정시간	물질명	결과	측정시간	
가스							측정기기명 : 측정자 : ______ (서명)
분진							확인자(입회자) : ______ (서명)

안전조치 확인	작업완료확인
정비부서 책 임 자 : __________ (서명) 입 회 자 : __________ (서명)	완료시간 : 입 회 자 : 작 업 자 : 조치사항 :
발 급 자 부서_____직책_____성명_____(서명) 승인자 부서_____직책_____성명_____(서명)	관련부서 협조자 부서_____직책_____성명_____(서명) 부서_____직책_____성명_____(서명)

5 | 비상조치계획 수립

실행전략 1 위험요인을 바탕으로 시나리오를 작성합니다.

재해발생 시나리오 작성 POINT

① 위험요인별로 발생 가능한 재해 형태 (화재, 누출, 끼임, 떨어짐 등) 모두 고려

*재해가 발생할 수 있는 시기, 위치, 공정, 작업내용 등을 검토

② 사망사고로 이어질 수 있는 중대한 위험요인 '재해 발생 시나리오*' 작성

*설비결함, 운전원 조작 미숙, 비정상 운전상태, 기상상황 등 여러 재해 원인을 가정

③ 사업장 (공장·현장)별로 재해 발생 시나리오 작성

실행전략 2 재해발생 시나리오별 조치계획을 수립합니다.

비상조치계획 수립 POINT

① 조치계획에 상황보고·전파(내·외부), 작업중지·근로자대피·위험요인제거 조치,중대산업재해를 입은 사람에 대한 구호조치 등이 포함

② 조치계획은 계획에 따라 수행 가능하도록 구체적으로 작성

※ 비상조치계획 관리 목록 예시

연번	1
부서	생산 1팀
공정	A공정
설비, 장치명	B설비
유해,위험물질 주1	시안화 수소
재해유형 주2	누출
원인 주3	이상 압력상승
비상 상황 주4	A공정 B설비 이상 압력 상승으로 인한 균열로 시안화수소(독성물질) 누출
중요도 주5	A등급
피해 가능 범위	반경 1km
교육, 훈련 주기	1회/년

(주1) 해당 설비에서 비상상황의 원인이 되는 물질 기재
(주2) 누출, 화재, 폭발, 정전, 유틸리티 공급중단, 천재지변 등 자연재해
(주3) 균열, 부식, 압력상승, 폭주반응, 정전, 정비 작업 등
(주4) 공정, 설비, 유해위험물질, 재해유형, 원인 등을 종합한 발생가능한 비상상황
(주5) A, B, C, D 등급으로 구분하여 관리

실행전략 3 비상조치계획에 따라 주기적으로 훈련합니다.

비상조치계획 훈련 POINT

① 비상조치계획에 따른 구성원별 역할(근로자의 작업중지권)과 대피방법 교육

② 비상조치계획(매뉴얼)에 따라 조치가 이뤄지는지 반기 1회 이상 점검

③ 훈련과정을 평가하여 발견된 문제점을 검토하고 조치계획 개선

※ 교육대상별 · 교육유형별 최저 교육시간

» 비상시 구성원의 역할, 책임 및 권한의 적절성 및 실제 작동 여부

» 재해 발생 상황을 전파하는 방법과 절차가 적정한지

» 현장에서의 조치사항(재해자 구호조치, 위험요인 제거 등)이 적절히 실행되는지

» 대피가 필요한 경우 근로자 대비 방법과 경로, 대피장소가 적절한지

〈비상조치 계획 수립 관련 중대재해처벌법 시행령 규정〉

제4조(안전보건관리체계의 구축 및 이행 조치) 법 제4조제1항제1호에 따른 조치의 구체적인 사항은 다음 각 호와 같다.

8. 사업 또는 사업장에 중대산업재해가 발생하거나 발생할 급박한 위험이 있을 경우를 대비하여 다음 각 목의 조치에 관한 매뉴얼을 마련하고, 해당 매뉴얼에 따라 조치하는지를 반기 1회 이상 점검할 것

가. 작업 중지, 근로자 대피, 위험요인 제거 등 대응조치
나. 중대산업재해를 입은 사람에 대한 구호조치
다. 추가 피해방지를 위한 조치

6 | 도급·용역·위탁 시 안전보건 확보

실행전략 1 산업재해 예방 능력을 갖춘 사업주를 선정합니다.

도급·용역·위탁 시 안전보건 확보 POINT

① 도급·용역·위탁 시 수급인의 안전보건 수준을 평가

※ 도급·용역 업체 안전보건 수준 평가 예시

평가항목	평 가 기 준	배점	득점
I. 안전보건관리체계	ㅇ도급·용역·위탁 받는 자의 안전보건관리체계 구축 수준	40	
- 리더십	- 경영방침, 인력·시설·장비 등 자원 배정의 적정성 등	10	
- 근로자 참여	- 종사자 의견 수렴 절차 및 이행 적정성	10	
- 위험요인 파악 및 제거·대체·통제	- 위험요인 파악 및 개선절차 및 수준의 적정성	10	
- 비상조치계획	- 비상조치계획 적정성	10	
II. 도급·용역·위탁 업무 안전보건관리계획	ㅇ도급·용역·위탁 받는 업무에 대한 안전보건관리계획 적정성	60	
- 위험요인 파악 및 제거·대체·통제	- 도급·용역·위탁 받는 업무에 대한 위험요인 파악, 제거·대체 및 통제 방법의 적정성(위험성 평가 및 대책의 적정성)	15	
- 자원배정(시설·장비)	- 도급·용역·위탁 받는 업무의 위험요인 관리에 적합한 시설·장비 배정 및 운영 - 사용 기계·기구 및 설비의 종류 및 관리계획	15	
- 자원배정(인력)	- 도급·용역·위탁 받는 업무의 위험요인 관리에 적합한 인력 배정 및 운영 - 도급·용역·위탁 받는 업무 관련 실적, 작업자 이력·자격·경력 현황	15	
- 비상조치계획	- 도급·용역·위탁 받는 업무 시 발생가능한 비상상황 및 대처에 적합한 비상조치계획	15	

② 도급·용역·위탁 시 계약서에 사업장 안전보건확보를 위해 필요한 조건 명시

③ 도급·용역·위탁 등 계약을 할 때는 업종의 특성 등을 고려, 충분한 비용과 작업기간 등 보장

실행전략 2 사업장 내 모든 구성원이 보호받을 수 있도록 합니다.

도급·용역·위탁 근로자 보호 POINT

① 수급인 근로자에게 안전보건 관련 정보* 제공

※ 도급·용역·위탁 시 제공해야 할 안전보건에 관한 정보 예시

» 제조·사용·운반 또는 저장하는 위험물질 및 유해물질의 명칭과 유해성·위험성

» 안전·보건상 유해하거나 위험한 작업에 대한 안전·보건상의 주의사항

» 안전·보건상 유해하거나 위험한 물질의 유출 등 사고가 발생한 경우 필요한 조치의 내용 등

② 사업장 내에서 수행하는 공식적인 안전보건 활동에 수급인 근로자 참여

③ 수급업체가 안전보건에 관하여 의견을 제시할 수 있는 다양한 소통체계 구축

④ 도급·용역·위탁 업무의 위험도를 사전에 분석하는 등 위탁업무에 대한 관리·감독절차를 두고 이에 따라 관리

*(선정시) 도급·용역·위탁 받는 자의 안전보건관리계획서 검토
→ (작업전) 도급·용역·위탁 받는 자의 위험성 평가 검토
→ (작업시) 작업허가, 순회점검
→ (작업완료) 평가에 반영

※ 도급 진행단계별 주요 안전보건 활동 예시

계약

① 도급·용역·위탁 업무 검토

도급금지 및 도급승인 대상 검토

② 도급·용역·위탁 업무 계약 입찰

안전보건수준 평가 기준 제시

③ 입찰서류 검토

안전작업계획서 검토 및 안전보건수준 평가

④ 도급업체 계약

적격 수급업체 선정 (안전보건 조건 명시)

수행

⑤ 도급·용역·위탁 업무 계약 이행

안전보건 정보제공

안전보건협의체 구성·운영

순회점검, 합동안전보건점검

안전 작업허가제 실시

안전보건교육 지도·지원

유해인자 및 화학물질 관리

경보체계, 대피 등 합동 훈련

위생시설 등 장소 제공(이용 협조)

종료

⑥ 도급·용역·위탁 업무 완료

안전보건 업무 평가

〈도급·용역 안전보건확보 관련 중대재해처벌법 시행령 규정〉

제4조(안전보건관리체계의 구축 및 이행 조치) 법 제4조제1항제1호에 따른 조치의 구체적인 사항은 다음 각 호와 같다.

9. 제3자에게 업무의 도급, 용역, 위탁 등을 하는 경우에는 종사자의 안전·보건을 확보하기 위해 다음 각 목의 기준과 절차를 마련하고, 그 기준과 절차에 따라 도급, 용역, 위탁 등이 이루어지는지를 반기 1회 이상 점검할 것

가. 도급, 용역, 위탁 등을 받는 자의 산업재해 예방을 위한 조치 능력과 기술에 관한 평가기준·절차

나. 도급, 용역, 위탁 등을 받는 자의 안전·보건을 위한 관리비용에 관한 기준

다. 건설업 및 조선업의 경우 도급, 용역, 위탁 등을 받는 자의 안전·보건을 위한 공사기간 또는 건조기간에 관한 기준

7 | 평가 및 개선

실행전략 1 안전보건 목표를 설정하고 정기적으로 평가합니다.

안전보건 목표 성과 평가 POINT

① 도급·용역·위탁 시 수급인의 안전보건 수준을 평가

② 안전보건 목표 달성이 일부 부서, 팀 또는 안전보건 관련 담당자만의 역할이 아닌 모든 구성원의 역할로 인식될 수 있도록 부서별 목표를 설정하고 평가

③ 적정한 목표 설정 여부에 대한 주기적 점검 및 개선

실행전략 2 안전보건관리체계가 제대로 운영되는지 확인합니다.

안전보건관리체계 운영 점검 POINT

① 안전보건관리체계가 계획 및 절차대로 이행되고 있는지 정기적으로 점검(반기 1회 이상)

중대재해처벌법에 명시되어 있는 정기점검 의무
: 반기 1회 이상

» 유해·위험요인 개선 업무절차에 따라 유해·위험요인의 확인 및 개선이 이뤄지는지 (중대재해처벌법 시행령 제4조 제3호)

» 안전보건관리책임자 등이 해당업무를 충실하게 수행하는지 평가 (제5호)

» 안전·보건에 관한 사항에 대하 종사자의 의견을 듣는 절차를 마련하고 해당 절차에 따라 의견청취 및 개선방안을 마련하는지 점검 (제7호)

» 중대재해, 급박한 위험에 대비한 매뉴얼을 마련하고 이에 따라 조치가 이뤄지는지 점검 (제8호)

» 업무를 도급·용역·위탁 하는 경우 해당 종사자의 안전·보건확보를 위한 기준·절차가 작동하는지 점검 (제9호)

② 주요 공정 또는 위험요인에 대한 전문성을 갖춘 자로 점검팀 구성·운영

③ 안전보건관리체계 전반을 점검하고 "면담 - 서류확인 - 현장 점검 등"을 통해 확인

특별점검 POINT

산업재해가 발생하게 된 원인을 안전보건체계 전반을 점검하여 도출합니다.

① 경영자 리더십 적절한 예산, 인력 등 자원이 배정되어 투입되었는지

② 근로자 참여 근로자가 해당 위험요인을 사전에 발굴하지 못한 이유, 근로자가 위험 요인을 사전에 통보했음에도 불구하고 개선되지 못한 이유 등

③ 위험요인 파악 사전에 파악되지 않았던 위험요인이었는지, 사전파악되지 않은 원인

④ 위험요인 제거, 통제 등 사전에 파악됐었던 위험요인임에도 그 위험요인이 제거·통제되지 못했던 원인 (안전작업절차 미작동, 사전작업허가 대상 미포함 등)

⑤ 비상조치 계획 급박한 위험임에도 작업중지 등이 작동하지 않았던 원인

⑥ 도급·용역·위탁 안전보건조치 수급인 근로자가 안전보건조치를 충분히 이행하지 못한 원인 (정보공유 미비, 참여소통 부족, 관리·감독 부재 등)

실행전략 3 발굴된 문제점을 주기적으로 검토하고 개선합니다.

문제점 개선 · 이행 POINT

① 평가 및 점검에서 발견된 문제는 개선방안(조치계획)을 마련하여 사업주, 경영자에게 보고하고 교육·훈련 등을 통해 근로자들에게 전파

② 경영자는 보고 받은 개선방안을 토대로 이에 필요한 자원을 배정하고 이행

③ 조치계획 수립 및 이행 과정은 투명하게 공개

〈평가 및 개선 관련 중대재해처벌법 시행령 규정〉

제4조(안전보건관리체계의 구축 및 이행 조치) 법 제4조제1항제1호에 따른 조치의 구체적인 사항은 다음 각 호와 같다.

3. 사업 또는 사업장의 특성에 따른 유해 · 위험요인을 확인하여 개선하는 업무절차를 마련하고, 해당 업무절차에 따라 유해 · 위험요인의 확인 및 개선이 이루어지는지를 반기 1회 이상 점검한 후 필요한 조치를 할 것. 다만, 「산업안전보건법」 제36조에 따른 위험성평가를 하는 절차를 마련하고, 그 절차에 따라 위험성 평가를 직접 실시하거나 실시하도록 하여 실시 결과를 보고받은 경우에는 해당 업무절차에 따라 유해 · 위험요인의 확인 및 개선에 대한 점검을 한 것으로 본다.

5. 「산업안전보건법」 제15조, 제16조 및 제62조에 따른 안전보건관리책임자, 관리감독자 및 안전보건총괄책임자(이하 이 조에서 "안전보건관리책임자등"이라 한다)가 같은 조에서 규정한 각각의 업무를 각 사업장에서 충실히 수행할 수 있도록 다음 각 목의 조치를 할 것

가. 안전보건관리책임자등에게 해당 업무 수행에 필요한 권한과 예산을 줄 것

나. 안전보건관리책임자등이 해당 업무를 충실하게 수행하는지를 평가하는 기준을 마련하고, 그 기준에 따라 반기 1회 이상 평가 · 관리할 것

7. 사업 또는 사업장의 안전 · 보건에 관한 사항에 대해 종사자의 의견을 듣는 절차를 마련하고, 그 절차에 따라 의견을 들어 재해 예방에 필요하다고 인정하는 경우에는 그에 대한 개선방안을 마련하여 이행하는지를 반기 1회 이상 점검한 후 필요한 조치를 할 것. 다만, 「산업안전보건법」 제24조에 따른 산업안전보건위원회 및 같은 법 제64조 · 제75조에 따른 안전 및 보건에 관한 협의체에서 사업 또는 사업장의 안전 · 보건에 관하여 논의하거나 심의 · 의결한 경우에는 해당 종사자의 의견을 들은 것으로 본다.

8. 사업 또는 사업장에 중대산업재해가 발생하거나 발생할 급박한 위험이 있을 경우를 대비하여 다음 각 목의 조치에 관한 매뉴얼을 마련하고, 해당 매뉴얼에 따라 조치하는지를 반기 1회 이상 점검할 것

9. 제3자에게 업무의 도급, 용역, 위탁 등을 하는 경우에는 종사자의 안전 · 보건을 확보하기 위해 다음 각 목의 기준과 절차를 마련하고, 그 기준과 절차에 따라 도급, 용역, 위탁 등이 이루어지는지를 반기 1회 이상 점검할 것

안전보건 경영방침 및 추진목표 예시

안전보건경영방침 및 추진목표

안전하지 않으면 작업하지 않는다

중대재해 발생 제로	위험성평가 연 12회 실시 TBM 매일 실시	개선대책 100% 이행

안전보건경영방침

○○(주)는 기업경영에 있어 안전, 보건 및 화재예방을 기본원칙으로 하며, 전 임직원은 안전한 작업환경을 만들기 위해 안전, 보건, 소방에 관한 활동에 적극 참여하여 **지속적인 개선을 도모하고 중대재해를 예방한다.**

구분	내용
안전	• 전사 안전보건경영시스템의 안정적 운영 • 위험성평가를 통한 위험요인 최소화 및 산업재해 예방 • 전 임직원의 안전보건 의식 및 참여 강화 • 협력회사 안전관리 수준 제고
보건	• 안전하고 건강한 근로환경 조성으로 직업성 질병예방
소방	• 전사 화재 취약장소에 대한 지속적인 개선 및 예방활동

20 . .
○○주식회사 대표이사

안전보건목표

구분	내용
안전	• 전 거점 안전등급 평가(SRA) 90점 이상 • 중대재해 0건, 재해율 0.5%미만 (협력회사 포함) • 그룹 안전경영 시스템(ISRS) 5등급 이상
보건	• 특수검진 D1, D2 등급자 제로화 • 근골격계 질환 제로화 (협력회사 포함) • 중대질환자 예방조치 완료
소방	• 화재발생 제로화 • 행정기관 소방시설점검 법규위반 제로화

안전보건 경영방침 작성 예시

안전보건경영방침

OO기업은 은 경영활동 전반에 전 사원의 안전과 보건을 기업의 최우선 가치로 인식하고, 법규 및 기준을 준수하는 안전보건관리체계를 구축하여 전 직원이 안전하고 쾌적한 환경에서 근무할 수 있도록 최선을 다한다.

이를 위해 다음과 같은 안전보건활동을 통해 지속적으로 안전보건환경을 개선한다.

1. 경영책임자는 '근로자의 생명 보호'와 '안전한 작업환경 조성'을 기업경영활동의 최우선 목표로 삼는다.
2. 경영책임자는 사업장에 안전보건관리체계를 구축하여 사업장의 위험요인 제거·통제를 위한 충분한 인적·물적 자원을 제공한다.
3. 안전보건 목표를 설정하고, 이를 달성하기 위한 세부적인 실행계획을 수립하여 이행한다.
4. 안전보건 관계 법령 및 관련 규정을 준수하는 내부규정을 수립하여 충실히 이행한다.
5. 근로자의 참여를 통해 위험요인을 파악하고, 파악된 위험요인은 반드시 개선하고, 교육을 통해 공유한다.
6. 모든 구성원이 자신의 직무와 관련된 위험요인을 알도록 하고, 위험요인 제거·대체 및 통제기법에 관해 교육·훈련을 실시한다.
7. 모든 공급자와 계약자가 우리의 안전보건 방침과 안전 요구사항을 준수하도록 한다.
8. 모든 구성원은 안전보건활동에 대한 책임과 의무를 성실히 준수토록 한다.

2025년 월 일

OO기업 대표이사 (서명)

안전보건 목표 및 추진계획서 작성 예시

안전보건활동 목표/세부추진계획	결재	작성	검토	승인

전사 목표	목표/세부 추진계획		추진일정 1분기	추진일정 2분기	추진일정 3분기	추진일정 4분기	성과지표	담당 부서	예산 (만원)	달성률 (%)	실적/부진사유
산재 사고 감소 OO% 목표	정기 위험성평가	계획	○				1회/년 이상	전 부서	500	100%	- 3/20 30개 공정 실시
		실적									
	수시 위험성평가	계획	○	○	○	○	수시	전 부서		5건	- 4/15 1공장 라인 증축 등 5건
		실적									
	고위험 개선	계획	○	○	○	○	개선 이행 100%	전 부서	-	100%	- 고위험 30건 개선완료
		실적									
	아차 사고 수집	계획	○	○	○	○	1건/월/인당	안전	-	50%	- 80건 발굴 및 개선완료 - 참여 독려를 위한 이벤트 추진 예정
		실적									
	산업안전보건 위원회	계획	○	○	○	○	1회/분기	안전	-		
		실적									
	작업표준 제·개정	계획	○	○	○	○	변경 시	안전	-		
		실적									
	합동안전점검	계획	○	○	○	○	1회/월	안전	-		
		실적									
	비상조치훈련	계획	○	○	○	○	1회/분기 (화재, 누출, 대피, 구조)	전 부서	30	75%	- 2/10 화재 진압 훈련 - 4/15 가스 누출 대비 * 코로나19로 구조 훈련 미실시
		실적									
	작업허가서 발부	계획	○	○	○	○	단위 작업별	전 부서	-		
		실적									
	작업 전 미팅 (TBM) 실시	계획	○	○	○	○	단위 작업별	전 부서	-		
		실적									
	안전관찰제도 운영	계획	○	○	○	○	1건/월/인당	전 부서	-		
		실적									
	안전보건 예산 집행	계획	○	○	○	○	수립예산 이행	전 부서	-		
		실적									
	성과측정 및 모니터링	계획		○		○	1회/반기	전 부서	-		
		실적									
	시정조치 이행	계획	○	○	○	○	수시	전 부서	-		
		실적									
	경영자 검토	계획				○	1회/반기	안전	-		
		실적									

안전보건 조직도(안)

안전보건 조직도(안)

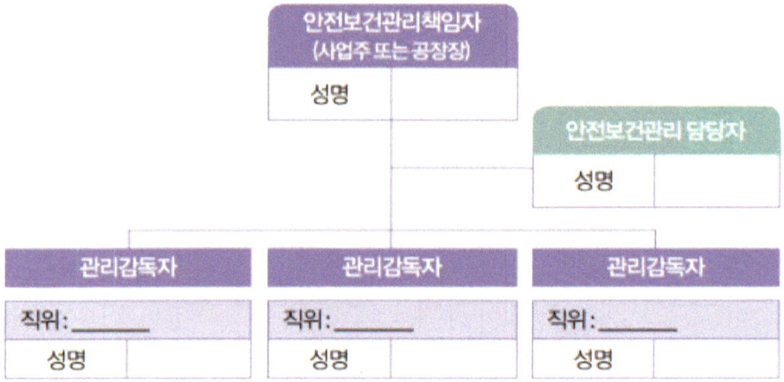

안전보건 업무분장표(안)

직책명	성명	업무
안전보건관리책임자 (안전보건총괄책임자)	○○○	
안전보건관리담당자	○○○	
생산1부서	○○○	
관리감독자	○○○	
안전보건담당자	○○○	
생산2부서	○○○	
관리감독자	○○○	
안전보건담당자	○○○	
공무부서	○○○	
관리감독자	○○○	

안전보건 예산 편성항목 예시

결재	작성	검토	승인

(단위: 백만원)

구분		2024	2025
인력 및 시설분야	· 위험시설 정비 및 개보수		
	· 안전검사 실시		
	· 안전시설 신규 설치 및 투자		
	· 안전보건조직 노무관리		
안전분야	· 안전인력 육성 및 교육		
	· 안전보건 진단 및 컨설팅		
	· 위험성평가 실시		
	· 안전보호구 구입		
보건분야	· 작업환경측정 실시		
	· 특수건강검진 실시		
	· 근골격계질환 예방		
	· 휴게 • 위생시설 관리		
기타	· 협력사 안전관리 역량 지원 - 교육 지원 - 시설 지원		
	· 안전보건 캠페인 추진		
예비	· 예비비		

안전제안제도 양식 예시

<table>
<tr><td colspan="4">제안표</td><td>제안일자</td><td></td></tr>
<tr><td>제안자</td><td colspan="2"></td><td>확인자
(회사작성)</td><td colspan="2"></td></tr>
<tr><td>제안사유</td><td colspan="5"></td></tr>
<tr><td>제안효과</td><td colspan="5"></td></tr>
<tr><td colspan="6">이하 회사 작성</td></tr>
<tr><td>담당자</td><td></td><td>처리일자</td><td></td><td>처리결과</td><td></td></tr>
</table>

Tool Box Meeting 회의록 양식 예시

Tool Box Meeting 회의록			
TBM 일시	20 년 월 일 : ~ : 작업날짜와 동일함 (□ 예, □ 아니오)		
작업명			
작업내용			
TBM 장소			
작업내용		위험성평가 실시 여부	□ 예, □ 아니오

잠재위험요인	대책 (※제거-〉 대체-〉 통제 순서 고려)
①	①
②	②
③	③

중점위험 요인	선정	※ 잠재위험요인 ①~③ 중 중요위험 1개를 선정하여 기재함
	대책	
TBM 리더 확인	· 소속 :	· 직책 : · 성명 : (서명)

작업 전 안전조치 확인 ※ 위 잠재위험요인(중점위험 포함) 안전조치 여부 재확인

잠재위험요소(중점위험포함)	조치여부	'아니오'인 경우 조치내용
①	□예, □아니오	
②	□예, □아니오	
③	□예, □아니오	

작업 전 일일 안전점검 시행 결과

※ 위험요인 중 조치가 되지 않은 사항, 작업자의 TBM 내용 숙지 여부 중점체크

작업 후 종료미팅(중점대책의 실효성)

참석자 확인 ※ TBM에 참여 하지 않은 작업자를 확인하여 미팅 참석 유도

이 름	서 명	이 름	서 명	이 름	서 명

개선조치 결과(요구) 보고서 작성 예시

개선조치
(☐ 요구 ☐ 결과) 보고서

작성	검토	승인

대상 부서		작성일자	
구분	☐ 성과평가 ☐ 체계점검 ☐ 경영자 검토 ☐ 기타( )		
부적합사항			
조치요구사항			
권고사항			
내부점검자 (내부점검 시)	(인)	담당자 (내부점검 시)	(인)

시정조치 일정			
시정조치 방안			
완료(예정)일자			
첨부 내용	☐ 있음 ☐ 없음	관리감독자 확인	(인)

조치내용 확인	☐ 적합 ☐ 부적합
조치내용 부적합 사유	

산업재해 / 아차사고 조사 절차

조사대상	조사시점	조사팀	조사보고서 결재	재발방지대책 및 개선결과 결재
중대재해	즉시	생산부서 사고부서장 및 근로자	대표	대표
중상해 재해	즉시	생산부서 사고부서장 및 근로자	대표	대표
경미한 재해	24시간 내	사고부서장, 근로자	사고부서장 결재 후 주기적으로 대표 보고	해당부서장 결재 후 주기적으로 대표 보고
아차사고	서면보고	사고부서장, 근로자	해당부서장 결재 후 주기적으로 대표 보고	해당부서장 결재 후 주기적으로 대표 보고

사고조사 보고서 서식

담당	부장	대표

<table>
<tr><th colspan="7">사고조사 보고서</th></tr>
<tr><td rowspan="2">사고조사반</td><td colspan="2">소속</td><td colspan="2">성명</td><td>소속</td><td>성명</td></tr>
<tr><td colspan="2"></td><td colspan="2"></td><td></td><td></td></tr>
<tr><td>사고명</td><td colspan="4"></td><td>사고일시</td><td></td></tr>
<tr><td>인적 피해</td><td colspan="6">소속: 성명: 직급:</td></tr>
<tr><td>물적 피해</td><td colspan="6"></td></tr>
<tr><td>사고장소</td><td></td><td>상해
부위</td><td colspan="2"></td><td>사고
형태</td><td></td></tr>
<tr><td>사고내용</td><td colspan="6"></td></tr>
<tr><td>사고원인</td><td colspan="6"></td></tr>
<tr><td>피해내용</td><td colspan="6"></td></tr>
<tr><td>의사/외부
전문가 소견</td><td colspan="6"></td></tr>
<tr><td>재발방지 대책</td><td colspan="6"></td></tr>
<tr><td>기타내용
사고조사 사진</td><td colspan="6"></td></tr>
</table>

아차 사고 보고서 양식 예시

담당	부장	대표

작업명		등급	A, B, C
작업내용			
사고내용			
발생원인			
예방대책 (조치내용)			
작업현장 상황 설명 (사진, 도면)			

아차 사고 등급 분류기준

등급	위험정도	조치
A	중대재해가 예상되는 경우	- 중대재해 발생과 동일시 - 조업 중단 후 사고조사 및 재발방지 대책 수립
B	재해(사고)발생 시 중상* 또는 시설물 부분 파손 및 조업의 지장이 예상되는 경우	- 산업재해 발생과 동일시 - 임시 조치 후 안전대책 수립·시행
C	재해(사고)발생 시 경상** 또는 당해 시설물의 파손이 예상되는 경우	- 현 상태로 작업은 가능하나, 교육 시행 등의 안전관리 조치

* 중상: 하루 이상 입원 및 1개월 이상의 치료를 필요로 하는 부상이나,
신체활동 부분을 상실하거나 그 기능을 영구적으로 상실한 경우

** 경상: 사망, 중상을 제외한 부상

위험기계·기구·설비 목록 작성 서식 예시

순번	기계·기구·설비명 (관리번호)	용량	단위작업 장소	수량	검사대상	방호장치	점검 주기	발생가능 재해형태
1	프레스(P-1~5)	10ton	1공장	5	산안법 안전검사	광전자식	3개월	끼임
2	프레스(P-5~8)	30ton	2공장	5	산안법 안전검사	광전자식	3개월	끼임
3	지게차(A-1, 2)	5ton	외부	2	건설기계 관리법검사	법정방호장치	1개월	부딪힘, 넘어짐
4	크레인(C-1,2,3)	20ton	1공장	3	산안법 안전검사	과부하방지 훅해지장치 권고방지장치	3개월	부딪힘, 끼임
5	크레인(C-4,5,6)	10ton	2공장	3	산안법 안전검사	과부하방지 훅해지장치 권고방지장치	3개월	부딪힘, 끼임

유해·위험물질 목록 작성 서식 예시

화학물질	CAS No	분자식	폭발한계(%)		노출기준	독성치	인화점(℃)	발화점(℃)	증기압(20℃, mmHg)	부식성 유무	이상반응 유무	일일사용량	저장량	비고
			하한	상한										
메틸알코올	67-56-1	CH3OH	5.5	44	200ppm	LD50 6200㎎/㎏ Rat, LD50 15800㎎/㎏ Rabbit, LC 50 64000ppm/4hr Rat	9.7	464	127	X	고인화성, 자극성·부식성·독성가스	0.2㎥	1㎥	

① 유해·위험물질은 제출대상 설비에서 제조 또는 취급하는 모든 화학물질을 기재합니다.

② 증기압은 상온에서 증기압을 말합니다.

③ 부식성 유무는 있으면 ○, 없으면 ×로 표시합니다.

④ 이상반응 여부는 그 물질과 이상반응을 일으키는 물질과 그 조건(금수성 등)을 표시하고 필요시 별도로 작성합니다.

⑤ 노출기준에는 시간가중평균노출기준(TWA)을 기재합니다.

⑥ 독성치에는 LD50(경구, 쥐), LD50(경피, 쥐 또는 토끼) 또는 LC50(흡입, 4시간 쥐)을 기재합니다.

작업별 위험관리 대장 활용 서식 예시

단위작업 장소	작업내용	위험 코드	관련 기계·기구·설비 (관리번호)	화학물질명 (CAS No)	발생 가능 재해형태	관련 협력 업체	위험성	비고
P1 구역	지게차 이용 운반작업	H-P1-01	지게차 (00000)	-	부딪힘	無	고	작업지휘자 배치
	하부피트				질식			
Q2 구역	화학물질 보충작업		○○탱크 (00000)	톨루엔 ( )	화재·폭발, 급성중독	有	고	작업허가서 발급 대상
세척실	부품 세척작업		세척조 (00000)	트리클로로메탄 ( )	급성중독	有	고	* 국소배기장치 성능평가 대상 * 방독마스크 밀착도 검사

KRAS 시스템 위험성평가표 작성 예시

http://kras.kosha.or.kr

담당	부장	대표

작업공정명 :			위험성평가							평가일시 '22-03-10		
세부작업내용	유해·위험요인 파악		관련근거(법적기준)	현재의 안전보건조치	위험성			위험성 감소대책	개선 후 위험성	개선 예정일	완료일	담당자
	위험분류	위험발생 상황 및 결과			가능성(빈도)	중대성(강도)	위험성(빈도x강도)					
원료입고	기계적 요인	무자격자가 지게차를 임의 운전하여 근로자와 부딪힐 위험	안전보건규칙 제99조 [운전위치 이탈시의 조치]	유자격자 운전 시동키 분리보관	1	2	2 (낮음)	-	-	-	-	-
원료입고	전기적 요인	인화성액체(유기용제) 주입 중 정전기에 의한 화재폭발 위험	안전보건규칙 제325조 [정전기로 인한 화재 폭발 등 방지]	-	3	2	6 (높음)	정전기의 발생 억제 또는 제거 조치(배관Bonding /Grounding)	2 (낮음)	'22. 05. 30		홍길동
원료입고	화학적(물질) 요인	외부에서 탱크로 불씨가 유입 시 화재·폭발 위험	안전보건규칙 제269호 [화염 방지기의 설치 등]	-	2	3	6 (높음)	1. 안전 작업 허가 절차 준수 2. 화염 방지기 설치	3 (보통)	'22. 03. 30	'22. 03. 25	서비스
원료입고	화학적(물질) 요인	인화성 액체의 증기가 점화되어 화재·폭발 위험	안전보건규칙 제230조 [폭발의 위험이 있는 장소의 설정 및 관리]	작업자 교육	2	3	6 (높음)	폭발위험 장소 설정 /관리 (폭발위험 장소 구분도 작성)	3 (보통)	'22. 04. 30		황건설
원료입고	화학적(물질) 요인	주입구 주변 유증기 흡입으로 인한 건강 장해 발생 우려	안전보건규칙 제450조 [호흡용 보호구의 지급 등]	보호구 미착용	2	2	4 (보통)	개인보호구 사용 (방독마스크)	2 (낮음)	'22. 03. 31	'22. 03. 15	이보건

KRAS(Korea Risk Assessment System): 위험성평가 지원 시스템

- 한국산업안전보건공단에서 사업주, 근로자 등이 스스로 사업장의 유해·위험요인을 파악하고 평가하는 데 필요한 안전·보건 정보를 제공하여 위험성평가를 용이하게 실시할 수 있도록 지원하는 인터넷 기반 시스템

위험성 수준 3단계 판단법 위험성평가표 작성 예시

담당	부장	대표

연번	공정명 원자재 입고	위험성평가		평가일시 '22-03-10		
	유해·위험요인 파악 (위험발생 상황 및 결과)	위험성 (상, 중, 하)	위험성 감소대책	개선 예정일	완료일	담당자
1	**무자격자가 지게차를 임의 운전**하여 근로자와 부딪힐 위험	□□■ **상 중 하**	-	-	-	-
2	인화성액체 (유기용제) 주입 중 **정전기에 의한** 화재폭발 위험	■□□ **상 중 하**	정전기의 발생 억제 또는 제거 조치 (배관Bonding/Grounding)	'22-05-30		홍길동
3	외부에서 탱크로 **불씨가 유입** 시 화재·폭발 위험	■□□ **상 중 하**	1. 안전작업허가절차 준수 2. 화염방지기설치	'22-03-30	'22-03-25	서비스
4	인화성 액체의 **증기가 점화**되어 화재·폭발 위험	■□□ **상 중 하**	폭발위험장소 설정/관리 (폭발위험장소 구분도 작성)	'22-04-30		황건설
5	주입구 주변 **유증기 흡입**으로 인한 건강 장해 발생 우려	□■□ **상 중 하**	개인보호구 사용 (방독마스크)	'22-03-31	'22-03-15	이보건

위험성 수준 3단계 판단법

: 위험성 결정을 위해 유해위험요인의 위험성을 가늠하고 판단할 때, 위험성 수준을 "상·중·하" 또는 "고·중·저"와 같이 간략하게 구분하고, 직관적으로 이해할 수 있도록 위험성의 수준을 표시하는 방법

※ 유해위험요인 작성 시, 사고 발생 원인에 대해 상세하게 기재
예시) 중량물 취급 작업 중 슬링벨트 파단으로 인해 중량물 낙하 위험

비상조치계획 관리 목록 예시

연번	부서	공정	설비, 장치명	유해, 위험물질 주1	재해유형 주2	원인 주3	비상 상황 주4	중요도 주5	피해 가능 범위	교육, 훈련 주기
1	생산 1팀	A공정	B설비	시안화 수소	누출	이상 압력 상승	A공정 B설비 이상 압력 상승으로 인한 균열로 시안화수소(독성물질) 누출	A등급	반경 1km	1회/년

(주1) 해당 설비에서 비상상황의 원인이 되는 물질 기재
(주2) 누출, 화재, 폭발, 정전, 유틸리티 공급중단, 천재지변 등 자연재해
(주3) 균열, 부식, 압력상승, 폭주반응, 정전, 정비 작업 등
(주4) 공정, 설비, 유해위험물질, 재해유형, 원인 등을 종합한 발생가능한 비상상황
(주5) A, B, C, D 등급으로 구분하여 관리

협착사고 발생 시 대응 시나리오(처리 흐름도)

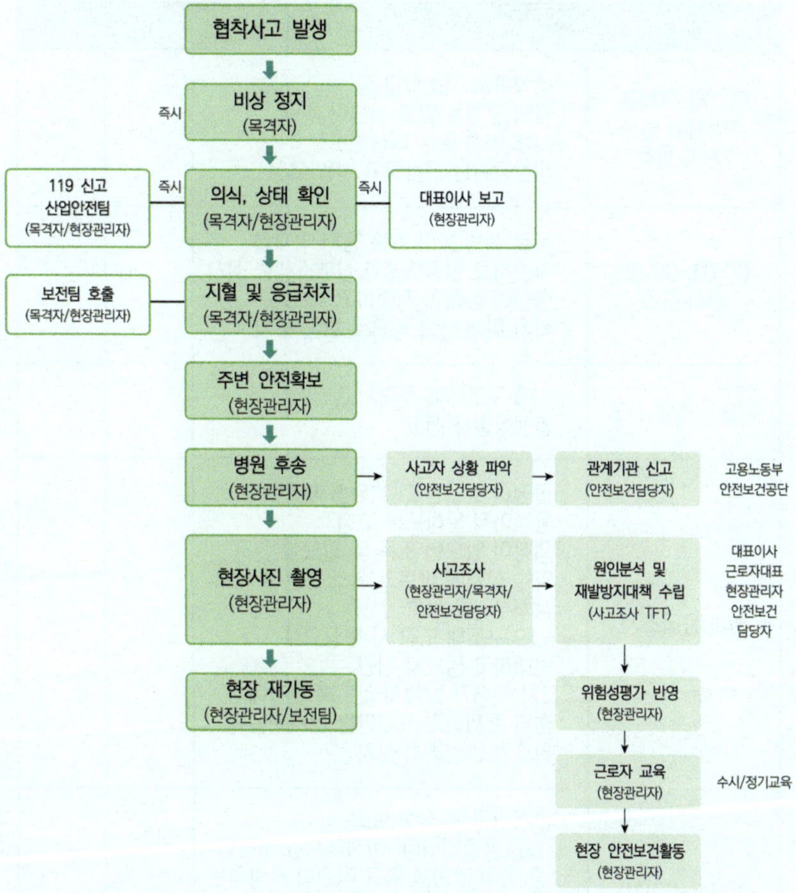

추락사고 대응 시나리오 작성 예시

시간 및 상황	조치사항	담 당	비 고
00:00~00:01 추락사고 발생 /환자 발생	· 비계에서 고소작업 중 몸의 균형을 잃고 직원이 추락 · 사내 방송 또는 비상경보로 비상상황을 전파하고 지원 요청		
00:01~00:06 환자 구조	· 동료 직원 등이 호흡 정지 여부를 확인하고 인공호흡과 심폐소생술 실시 · 출혈이 심하면 지혈하고, 쇼크를 막기 위해 담요 등으로 보온 조치		
119 구조대 신고	· 119 구조대에 추락사고 발생상황을 신고		
환자 응급조치	· 골절이 있으면 그 부위를 부목으로 움직이지 못하도록 고정 · 외상이 있으면 소독 및 필요한 연고약을 상처에 바르고 거즈 또는 붕대로 상처부위를 보호 · 119 구조대 도착 시 현장으로 안내하고 필요시 지원 · 2차 재해가 발생치 않도록 현장에 출입 통제하고 표지판을 게시하는 등 필요한 안전조치 실시		
00:06~00:10 상황 보고	· 관계기관 등 상황 보고 "△△공장입니다. 비계에서 고소작업 중 몸의 균형을 잃고 직원이 추락하는 사고가 발생했습니다. 119 구조대에 구조를 요청하고 현재 직원이 외상 임시 치료 및 심폐소생술 등 필요한 응급조치를 했습니다."		
현장 보존	· 현장 보존 조치 사고 현장 주위에 아무도 출입하지 못하도록 울타리를 치고 재해 발생 원인 조사 종료 시까지 현장을 보존		
00:10~ 환자 병원 후송	· 119 구조대 도착하여 응급조치 후 병원으로 후송		

추락사고 대응 시나리오 작성 예시

시간 및 상황	조치사항	담 당	비 고
00:00~00:01 질식/감전사고 발생 /환자 발생	· (질식) 물탱크에서 밀폐공간 출입 작업 중 직원이 산소결핍으로 질식 사고 발생 · (감전) 전기실에서 정전작업 중 제3자가 전원을 투입하여 작업 중인 직원이 감전 · 사내 방송 또는 비상경보로 비상상황을 전파하고 지원 요청		
00:01~00:06 환자 구조	· (질식) 동료 직원 등이 공기호흡기를 착용하고 재해자 구조 · (감전) 동료 직원 등이 전원을 차단하고 재해자 구조		
119 구조대 신고 환자 응급조치	· 호흡 정지 여부를 확인하고 인공호흡과 심폐소생술 실시 · 119 구조대에 질식사고 발생상황을 신고 · 119 구조대 도착 시 현장으로 안내하고 필요시 지원		
2차 재해방지 조치	· 2차 재해가 발생치 않도록 현장에 출입 통제하고 표지판을 게시하는 등 필요한 안전조치 실시		
00:06~00:10 상황 보고	· 관계기관 등 상황보고 "○○기업입니다. 우리 회사 물탱크에서 질식사고가 발생하여 119 구조대에 구조를 요청하고 현재 직원이 심폐소생술 등 필요한 응급조치를 했습니다."		
현장 보존	· 현장 보존 조치사고 현장 주위에 아무도 출입하지 못하도록 울타리를 치고 재해 발생 원인 조사 종료 시까지 현장을 보존		
00:10~ 환자 병원 후송	· 119 구조대 도착하여 응급조치 후 병원으로 후송		

비상훈련 실시보고서 양식

<table>
<tr><td rowspan="3">비상훈련 실시 보고서</td><td rowspan="3">결
재</td><td>작성</td><td>승인</td></tr>
<tr><td></td><td></td></tr>
<tr><td>/</td><td>/</td></tr>
</table>

<table>
<tr><td colspan="2">훈련명</td><td></td><td>훈련일시</td><td></td></tr>
<tr><td colspan="2">훈련장소</td><td colspan="3"></td></tr>
<tr><td colspan="2">훈련내용</td><td colspan="3"></td></tr>
<tr><td colspan="2">훈련결과</td><td colspan="3"></td></tr>
<tr><td>목표
시간</td><td>측정
시간</td><td colspan="2">실제 행동 관찰</td><td>비 고</td></tr>
<tr><td></td><td></td><td colspan="2"></td><td></td></tr>
</table>

도급사업 진행 단계별 주요 안전보건활동

계약

① 도급사업의 검토	② 도급계약 입찰
도급인가 대상 검토 안전보건관리규정 작성	안전작업 계획서 및 안전보건수준평가 기준 제시

③ 입찰서류 검토	④ 도급업체 계약
수급업체 안전보건수준평가	적격 수급업체 선정

▼

수행

⑤ 도급사업 안전보건활동

- 안전보건총괄책임자 지정
- 안전보건협의체 구성·운영
- 위험성 평가
- 순회점검, 합동안전보건점검
- 산업재해 위험 예방조치
- 안전작업 허가제 운영
- 안전보건 교육 지도·지원
- 유해인자 및 화학물질 관리
- 안전보건 정보제공 등

▼

환류

⑥ 수급인 사업장 안전·보건 수준 재평가 및 환류

안전보건수준 재평가
평가결과 환류

도급·용역 업체 안전보건 수준 평가 예시

사업장명 :

구　　분	배점	득점
합　　계	100	
A. 안전보건관리체제	20	
B. 실행수준	40	
C. 운영관리	20	
D. 재해발생 수준	20	

평가항목 및 기준

평가항목	평 가 기 준	배점	득점
A. 안전보건관리체제	**소계**	**20**	
1. 일반원칙	· 도급·수급인의 안전보건방침 적정 여부	5	
2. 계획수립	· 산업재해예방 활동에 대한 수급인의 이행계획 적정 여부	10	
3. 역할 및 책임	· 이행계획 추진을 위한 구성원의 역할 분담 (본사, 현장)	5	

B. 실행수준	소계	40	
4. 위험성평가	· 도급작업의 위험성평과 결과에 대한 이해수준 및 자체 유해·위험요인 평가수준	5	
5. 안전점검	· 안전점검 및 모니터링 (보호구 착용확인 포함)	10	
6. 이행확인	· 안전조치 이행여부 확인 (도급업체의 지도조언에 대한 이행 포함)	10	
7. 교육 및 기록	· 안전보건교육 계획 및 기록관리	5	
8. 안전작업허가	· 유해·위험작업에 대한 안전작업허가 이행수준	10	
C. 운영관리	소계	20	
9. 신호 및 연락체계	· 도급·수급업체 간 신호체계 및 연락체계	5	
10. 위험물질 및 설비	· 유해·위험 물질 및 취급 기계·기구·설비의 안전성 확인	10	
11. 비상대책	· 비상시 대피 및 피해 최소화대책 (고용부, 소방서, 병원 포함)	5	
D. 재해발생 수준	소계	20	
12. 산업재해 현황	· 최근 3년간 산업재해발생 현황	20	

도급·용역·위탁 업체 안전보건 수준 평가 예시

평가항목	평 가 기 준	배점	점수
I. 안전보건관리체계	**도급·용역·위탁받는 자의 안전보건관리 체계 구축 수준**	**40**	
- 리더십	- 경영방침, 인력·시설·장비 등 자원 배정의 적정성 등	10	
- 근로자 참여	- 종사자 의견수렴 절차 및 이행 적정성	10	
- 위험요인 파악 및 제거·대체·통제	- 위험요인 파악 및 개선절차 및 수준의 적정성	10	
- 비상조치계획	- 비상조치계획 적정성	10	
II. 도급·용역·위탁 안전보건 관리계획	**도급·용역·위탁받는 업무에 대한 안전 보건관리계획 적정성**	**60**	
- 위험요인 파악 및 제거·대체·통제	- 도급·용역·위탁받는 업무에 대한 위험요인 파악, 제거·대체 및 통제 방법의 적정성 (위험성평가 및 대책의 적정성)	15	
- 자원 배정 (시설·장비)	- 도급·용역·위탁받는 업무의 위험요인 관리에 적합한 시설·장비 배정 및 운영 - 사용 기계·기구 및 설비의 종류 및 관리계획	15	
- 자원 배정(인력)	- 도급·용역·위탁받는 업무의 위험요인 관리에 적합한 인력 배정 및 운영 - 도급·용역·위탁받는 업무 관련 실적, 작업자 이력·자격·경력 현황	15	
- 비상조치계획	- 도급·용역·위탁받는 업무 시 발생 가능한 비상상황 및 대처에 적합한 비상조치계획	15	

안전작업허가서 활용 서식

안전작업 허가서					☐ 화기작업 ☐ 중량물작업 ☐ 밀폐공간작업 ☐ 고소작업 ☐ 굴착작업 ☐ 전기작업 ☐ 기타작업
신청부서 (업체명)		직책		성 명	(서명)
허가요청기간	월 일 시부터 시까지				
작 업 내 용		작 업 장 소			
장 비 투 입		작 업 인 원			

작업별 사전체크 항목 [안전조치 사항]

화기작업		굴착작업		밀폐공간작업	
1. 불꽃, 불티 비산방지조치		1. 전기동력선 안전한 배치조치		1. 산소농도 측정 *산소 18~23.5%	
2. 압력조정기 부착 및 작동 상태		2. 제어용 케이블의 안전성 유무		2. 가연성 및 독성가스농도 측정 *일산화탄소 30ppm 미만, 황화수소 10ppm 미만	
3. 주위 인화성물질을 제거 상태		3. 지하배관의 파악 여부		3. 2인 1조 작업 유무	
4. 소화기 배치 유무		4. 출입금지 표지판 설치		4. 환기 및 배기장치 조치	
5. 전격방지기의 정상 가동 상태		5. 연락수단의 적정 유무		5. 출입금지 표지판 설치	
6. 작업장소 환기		6. 개인보호구 착용 상태		6. 연락수단의 적정 유무	
7. 가연성 및 독성가스농도 측정		7. 작업장 주변 정리정돈 상태		7. 개인보호구 착용 상태	
8. 화재감시자 배치		8. 작업자의 자격 여부 확인 상태			

고소작업		중량물작업		전기작업	
1. 2인 1조 작업 유무		1. 감독자 지정 및 상주 여부		1. 작업안내 표지판 설치	
2. 추락위험 방호망 구비 상태		2. 로프의 상태(파단 및 소손)		2. 작업자의 자격 여부	
3. 사다리의 파손 여부		3. 작업 신호자 지정 여부		3. 접지 및 방전 여부	
4. 이동식 비계 안전인증 유무		4. 적재물 이동 경로의 적정성		4. 정전작업 전로 개폐 시건	
5. 작업지지대의 작동 상태		5. 관계자 외 출입통제 조치		5. 기타 조치사항	
6. 안전모 착용 상태					
7. 안전대(2m 이상 시)착용 상태					

요청부서(업체) 요청 사항				
작업관리 부 서 (협력업체 포함)	확 인 사 항	☐ 현장 확인 결과 이상없음 ☐ 보완사항 보완 후 작업(내용 :)		
	확 인 자	소 속	직 책	성 명
				(인)
허가관리 부 서 (안전보건 주관부서 또는 작업주관부서)	허 가 내 용			
	허 가 자	소 속	직 책	성 명
				(인)

안전보건활동 성과평가(예시)

안전보건활동 목표/세부추진계획	결재	작 성	검 토	승 인

전사목표	목표/세부추진계획		추진일정 1분기	2분기	3분기	4분기	성과지표	담당부서	예산(만원)	달성율(%)	실적 / 부진사유
산재사고 Zero or 근로손실일수 Zero	정기 위험성평가	계획	○				1회/년 이상	전부서	500	100%	- 3/20 30개 공정 실시
		실적									
	수시 위험성평가	계획	○	○	○	○	수시	전부서		5건	- 4/15 1공장 라인증축 등 5건
		실적									
	고위험 개선	계획	○	○	○	○	개선이행 100%	전부서	-	100%	-고위험 30건 개선완료
		실적									
	아차사고수집	계획	○	○	○	○	1건/월/인당	안전	-	50%	-80건 발굴 및 개선완료 -참여 독려을 위한 이벤트 추진예정
		실적									
	안전보건교육(정기)	계획	○	○	○	○	6시간/분기(60명)	전부서	100		-매월 2시간 교육실시
		실적									
	안전보건교육(관리감독자)	계획			○		16시간/년간(10명)	안전	50	100%	-9/20(1공장 3명) -9/21(2공장 7명)
		실적									
	안전보건교육(특별안전교육)	계획			○		16시간/년간(크레인, 유해물질취급자)	안전	50	100%	-9/10 크레인 작업자(10명) -9/11 물질취급자(5명)
		실적									
	안전보건교육(신규채용시)	계획	○	○	○	○	8시간/년간(채용시)	전부서	30		
		실적									
	안전보건교육(MSDS)	계획	○	○	○	○	2시간/년간(유해물질 취급자)	전부서	30		
		실적									
	산업안전보건위원회	계획	○	○	○	○	1회/분기	안전	-		
		실적									
	작업표준 제·개정	계획	○	○	○	○	변경시	안전	-		
		실적									
	안전검사	계획			○		2년 주기(크레인 10대, 컨베이어 30대)	안전	50		-9/5 안전협회 실시
		실적									
	계측기 검교정	계획	○		○		1회/반기(공기호흡기, 감지기)	안전	100		-3/10 공기호흡기10개 -10/5 감지기 50개소
		실적									
	소방시설 정기점검	계획	○	○	○	○	1회/월	안전	-		
		실적									

산재사고 Zero or 근로손실일수 Zero	합동안전점검	계획	○	○	○	○	1회/월	안전	-		
		실적									
	일반 건강검진	계획		○			1회/년 (관리직 1회/2년, 현장직 1회/1년)	안전	500		-5/10~20 60명 실시
		실적									
	특수 건강검진	계획		○			1회/년 (현장직 1회/1년)	안전	300		-5/10~20 45명 실시
		실적									
	배치전 건강검진	계획	○	○	○	○	해당시	안전	-		
		실적									
	유소견자 사후관리	계획	○	○	○	○	5명/월	안전	-		
		실적									
	비상조치훈련	계획	○	○	○	○	1회/분기 (화재, 누출, 대피, 구조)	전부서	30	75%	-2/10 화재진압 훈련 -4/15 가스누출 대비 *코로나19로 구조훈련 미실시
		실적									
	작업허가서 발부	계획	○	○	○	○	단위 작업별	전부서	-		
		실적									
	TBM 실시	계획	○	○	○	○	단위 작업별	전부서	-		
		실적									
	안전관찰제도 운영	계획	○	○	○	○	1건/월/인당	전부서	-		
		실적									
	안전보건 예산 집행	계획	○	○	○	○	수립예산 이행	전부서	-		
		실적									
	성과측정 및 모니터링	계획		○		○	1회/반기	전부서	-		
		실적									
	시정조치 이행	계획	○	○	○	○	수시	전부서	-		
		실적									
	경영자검토	계획				○	1회/년	안전	-		
		실적									

⚠ 중대재해처벌법에 명시되어 있는 정기점검 의무: 반기 1회 이상

① 유해·위험요인 개선 업무절차에 따라 유해·위험요인의 확인 및 개선이 이뤄지는지 (중대재해처벌법 시행령 제4조 제3호)
② 최고경영자 등이 해당업무를 충실하게 수행하는지 평가 (제5호)
③ 안전·보건에 관한 사항에 대한 종사자의 의견을 듣는 절차를 마련하고 해당 절차에 따라 의견청취 및 개선방안을 마련하는지 점검 (제7호)
④ 중대재해, 급박한 위험에 대비한 매뉴얼을 마련하고 이에 따라 조치가 이뤄지는지 점검 (제8호)
⑤ 업무를 도급·용역·위탁 하는 경우 해당 종사자의 안전·보건확보를 위한 기준·절차가 작동하는지 점검 (제9호)

안전보건 전문인력 평가 기준 및 평가표 예시

평가기준

양호	법령에 따른 업무수행으로 수립된 안전보건목표를 달성하고 재해예방에 기여함
보통	법령에 따른 업무를 적정하게 수행함
미흡	법령에 따른 업무를 일부 수행하지 않음

평가표(안)

직책	성명	담당업무	평가		
			미흡	보통	양호
안전 보건관리 책임자		1. 사업장의 산재예방계획 수립에 관한 사항			
		2. 안전보건관리규정(산안법 제25조, 제26조)의 작성 및 변경에 관한 사항			
		3. 근로자에 대한 안전보건교육(산안법 제29조)에 관한 사항			
		4. 작업환경의 점검 및 개선에 관한 사항			
		5. 근로자의 건강진단 등 건강관리에 관한 사항			
		6. 산업재해의 원인 조사 및 재발 방지대책 수립에 관한 사항			
		7. 산업재해에 관한 통계의 기록 및 유지관리에 관한 사항			
		8. 안전장치 및 보호구 구입 시 적격품 여부 확인에 관한 사항			
		9. 위험성평가의 실시에 관한 사항			
		10. 안전보건규칙에서 정하는 근로자의 위험 또는 건강장해의 방지에 관한 사항			

관리 감독자		1. 사업장 내 관리감독자가 지휘·감독하는 작업과 관련된 기계·기구 또는 설비의 안전·보건 점검 및 이상 유무의 확인			
		2. 관리감독자에게 소속된 근로자의 작업복·보호구 및 방호장치의 점검과 그 착용·사용에 관한 교육·지도			
		3. 해당 작업에서 발생한 산업재해에 관한 보고 및 이에 대한 응급조치			
		4. 해당 작업의 작업장 정리·정돈 및 통로 확보에 대한 확인·감독			
		5. 안전관리자, 보건관리자, 안전보건관리담당자, 산업보건의의 지도·조언에 대한 협조			
		6. 위험성평가를 위한 유해·위험요인의 파악 및 개선조치 시행에 참여			
안전 관리자		1. 산업안전보건위원회 또는 안전·보건에 관한 노사협의체에서 심의·의결한 업무와 해당 사업장의 안전보건관리규정 및 취업규칙에서 정한 업무			
		2. 위험성평가에 관한 보좌 및 지도·조언			
		3. 안전인증대상기계등과 자율안전확인대상기계등 구입 시 적격품의 선정에 관한 보좌 및 지도·조언			
		4. 해당 사업장 안전교육계획의 수립 및 안전교육 실시에 관한 보좌 및 지도·조언			
		5. 사업장 순회점검, 지도 및 조치 건의			
		6. 산업재해 발생의 원인조사·분석 및 재발방지를 위한 기술적 보좌 및 지도·조언			
		7. 산업재해에 관한 통계의 유지·관리·분석을 위한 보좌 및 지도·조언			
		8. 법 또는 법에 따른 명령으로 정한 안전에 관한 사항의 이행에 관한 보좌 및 지도·조언			
		9. 업무수행 내용의 기록·유지			
		10. 그 밖에 안전에 관한 사항으로서 고용노동부장관이 정하는 사항			
안전보건 관리담당자		1. 안전보건교육 실시에 관한 보좌 및 지도·조언			
		2. 위험성평가에 관한 보좌 및 지도·조언			
		3. 작업환경측정 및 개선에 관한 보좌 및 지도·조언			
		4. 건강진단에 관한 보좌 및 지도·조언			
		5. 산업재해 발생의 원인조사, 산업재해 통계의 기록 및 유지를 위한 보좌 및 지도·조언			
		6. 산업안전·보건과 관련된 안전장치 및 보호구 구입 시 적격품 선정에 관한 보좌 및 지도·조언			

별첨 - 4 참고문헌

1. 법령 및 제도

고용노동부 (2021) 중대재해 처벌 등에 관한 법률 (법률 제17907호)

고용노동부 (2019) 산업안전보건법 (법률 제16272호)

고용노동부 (2022) 안전보건관리체계 구축 가이드북

안전보건공단 (2023) KOSHA-MS 심사기준 및 운영지침

International Organization for Standardization (2018) ISO 45001:2018 Occupational health and safety management systems—Requirements with guidance for use. Geneva, Switzerland: ISO

2. 연구보고서 및 정책자료

김홍직 (2012) 안전보건공단 30년사. 한국산업안전보건공단

문일 외 (2023) 노동환경 변화에 따른 안전보건정책의 미래 전략 방안. 한국산업안전보건연구원

한국산업안전보건공단 (2022) 중소규모 사업장 안전보건관리체계 구축 컨설팅 매뉴얼

한국산업안전보건공단 (2023) 안전보건관리체계 구축 우수사례집

대한산업안전협회 (2023) 안전보건관리체계 구축 표준교안

3. 판례 및 판례 해설

의정부지방법원 고양지원 (2023. 4. 6.) 중대재해처벌법 제1호 판결

대구지방법원 (2023. 8. 18.) 굴착기 협착 사고 판결

수원지방법원 (2023. 10. 12.) 철근 낙하 사고 판결

김앤장 법률사무소 (2023) 중대재해처벌법 판례 해설 및 기업 대응방안

법무법인 대륙 (2024) 중대재해처벌법 판례 동향 분석

법률신문 (2024) 중대재해처벌법 판결 현황과 경향

4. 학술논문 및 단행본

유재구 (2022) 산업안전보건법제의 발전과 중대재해처벌법의 의의. 노동법학, 72, 1-25

최종윤 (2023) Safety-I와 Safety-II의 비교를 통한 안전관리 패러다임 전환. 안전경영연구, 45(2), 45-68

Hollnagel, E (2014) Safety-I and Safety-II: The past and future of safety management. Farnham, UK: Ashgate

Reason, J (1997) Managing the risks of organizational accidents. London, UK: Routledge

5. 언론 보도 및 사회적 사건 자료

경향신문 (2014, 10월 21일) 성수대교 붕괴 20년, 잊혀진 교훈

중앙일보 (2020, 6월 29일) 삼풍백화점 붕괴 참사 25년, 아직도 반복되는 안전불감증

연합뉴스 (2020, 4월 30일) 이천 물류창고 화재, 38명 사망…안전불감증의 비극

한겨레 (2016, 6월 2일) 구의역 김 군, 컵라면과 함께 떠난 19살

6. 웹자료 (최근 판례 및 동향)

경제정보센터 EIEC (2024) 중대재해처벌법 시행 2년, 판례 동향

https://eiec.kdi.re.kr

법률신문 Lawtimes (2024) 중처법 판례 현황과 실형 선고 경향

https://www.lawtimes.co.kr

드로잉로펌(DRAJU) (2023) 중대재해처벌법 1호 판결 해설

https://www.draju.com

HR Side Team (2024) 중대재해처벌법 주요 판례 분석

https://www.hrsideteam.com

브루노 칼럼 (2025) 2025년 중대재해처벌법 해설과 대응 가이드

https://brunotest.tistory.com

기업을 지키는

안전보건관리체계

구 채 칠 지음

초판 1쇄 2025년 10월 20일

발행인 강대진
편 집 황제마

발행처 북펀딩
등 록 제 2019-000337호
주 소 서울시 강남구 역삼로8길 21, 2F
번 호 02-540-4440
팩 스 02-554-4440
메 일 copyten@naver.com

ISBN 979-11-7454-010-2